# 太空探索

## 不列颠图解科学丛书

Encyclopædia Britannica, Inc.

中国农业出版社

**图书在版编目（CIP）数据**

太空探索 / 美国不列颠百科全书公司编著；鞠成涛
, 许疑译. -- 北京：中国农业出版社, 2012.9（2016.11重印）
（不列颠图解科学丛书）
ISBN 978-7-109-17012-4

Ⅰ.①太… Ⅱ.①美… ②鞠… ③许… Ⅲ.①空间探
索-普及读物 Ⅳ.①V11-49

中国版本图书馆CIP数据核字（2012）第194758号

**Britannica Illustrated Science Library**
**Space Exploration**

© 2012 Editorial Sol 90
All rights reserved.

**Portions © 2012 Encyclopædia Britannica, Inc.**

**Photo Credits:** Corbis, ESA, Getty Images, Graphic News, NASA, National Geographic, Science Photo Library

**Illustrators:** Guido Arroyo, Pablo Aschei, Gustavo J. Caironi, Hernán Cañellas, Leonardo César, José Luis Corsetti, Vanina Farías, Joana Garrido, Celina Hilbert, Isidro López, Diego Martín, Jorge Martínez, Marco Menco, Ala de Mosca, Diego Mourelos, Eduardo Pérez, Javier Pérez, Ariel Piroyansky, Ariel Roldán, Marcel Socías, Néstor Taylor, Trebol Animation, Juan Venegas, Coralia Vignau, 3DN, 3DOM studio, Jorge Ivanovich, Fernando Ramallo, Constanza Vicco

## 不列颠图解科学丛书
### 太空探索

本书简体中文版由Sol 90和美国不列颠百科全书公司授权中国农业出版社于2012年翻译出版发行。
本书内容的任何部分，事先未经版权持有人书面许可，不得以任何方式复制或刊载。
著作权合同登记号：图字01-2010-1431 号

编　　著：美国不列颠百科全书公司
项 目 组：张　志　刘彦博　杨　春
策划编辑：刘彦博
责任编辑：刘彦博
翻　　译：鞠成涛　许　颖
译　　审：张鸿鹏
设计制作：北京亿晨图文工作室（内文）；惟尔思创工作室（封面）
出　　版：中国农业出版社
　　　　　（北京市朝阳区农展馆北路2号　邮政编码：100125　编辑室电话：010-59194987）
发　　行：中国农业出版社
印　　刷：北京华联印刷有限公司
开　　本：889mm×1194mm　1/16
印　　张：6.5
字　　数：200千字
版　　次：2012年12月第1版　2016年11月北京第2次印刷
定　　价：50.00元

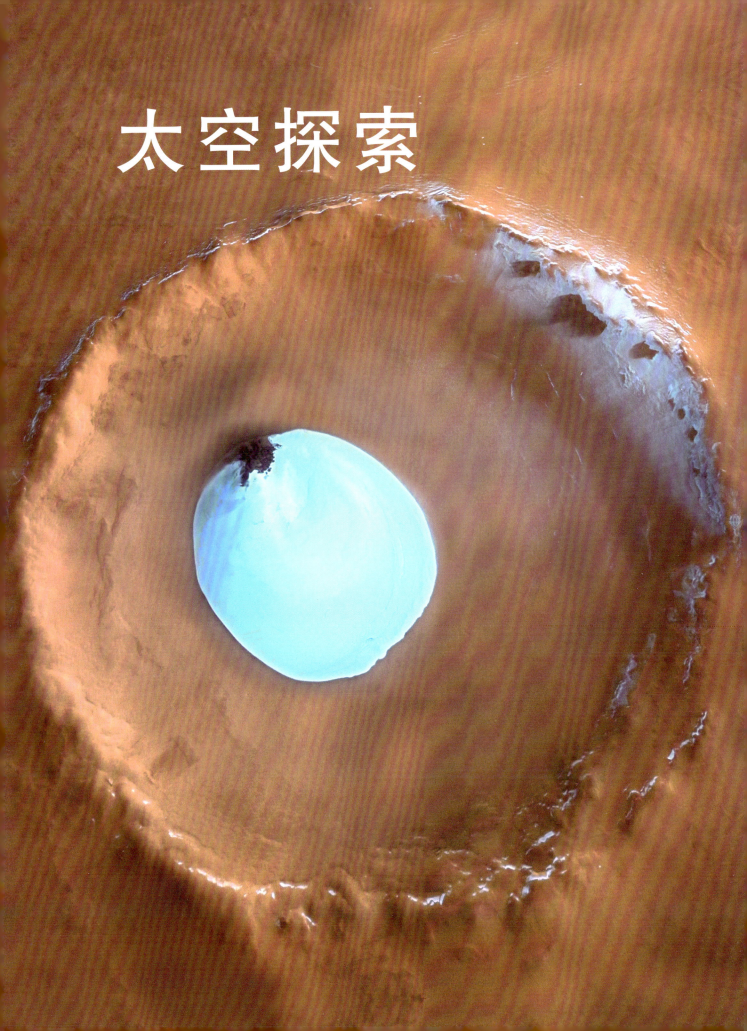

# 太空探索

# 目 录

第1页照片：火星南极冰盖
本图片于2004年12月，由"火星快车"号航天探测器拍摄。

# 未来之旅

**在**人类的历史长河中，月球一直让我们感到遥不可及，它看似小巧，但远在天边。古希腊时期，人们认为漫步月球简直是天方夜谭，甚至到19世纪末仍有人质疑人类能否飞往太空。

然而，1969年7月20日美国登月成功，开启了人类太空探索的新纪元。从此以后，人类计划并完成了大量具有历史意义的太空星球探索任务，早期发射的宇宙飞船和太空探测器主要有"水手"号、"海盗"号、"先锋"号、"航海家"号和"伽利略"号等。人类凭借自身的智慧和不懈努力，在太阳系探索的许多方面取得了可喜的成就。本书将带你回顾人类航天史，包括无人航天和载人航天，以及航天探索的重大发现。阅读本书，你将会了解什么是运载火箭，它们如何运行，什么是航天飞机，宇航员在太空中如何生活以及哪些机器人探测器正在登陆其他星球探索生命迹象。此外，本书配有大量照片和高清晰插图，使读者能够更充分地了解人类在研究其他星球的元素构成、起源和演变等方面取得的巨大成就。天文学家们日益确信，在宇宙空间的某处也有像我们地球一样的地方，我们只是需要发现它们。这也正是天文学家探索太阳系的原动力之一，许多谜团正在揭开神秘的面纱。类似"火星奥德赛"号和"火星快车"号等沿轨道运行的航天器已经确认火星表面下有冰存在。向土星发射探测器是展示人类探索新世界宏图伟略的另一

**人类在月球的足迹**
宇航员的足迹在月球表面的土壤上清晰可见。

壮举。"新地平线"号冥王星探测器近期升空，预计2015年到达目的地。这一切均证明人类的太空探索刚刚起步，征途漫漫。也许能在比我们过去所想象的远得多的地方发现生命，也许如人们想象的那样，人类在未来十年能够实现在其他行星开辟新的生存空间的计划，目前，最适合人类登陆的是火星。虽然现在这些都只是梦想，但人类登月已经将一个同样看似遥不可及的太空梦想变成了现实。

# 征服太空

人类的太空探险始于苏联首位宇航员——尤里·加加林，他在1961年搭乘"东方1号"飞船进入近地轨道，绕地球一圈，飞行高度达315千米。这次飞行中，不需要宇航员进行任何操作，全部由工程师远程控制。美国宇航员登月成功将太空

尤里·加加林
苏联宇航员加加林在"东方1号"飞船船舱内。

探索又推进一步，尼尔·阿姆斯特朗成为登月第一人，艾德文·阿尔德林紧随其后。"阿波罗11号"成功登月标志着历时持久、耗资巨大的对这颗地球唯一天然卫星的探索计划达到了顶峰。在之后几十年间，航天事业又取得了许多重大成就。●

# 目的地：其他天体

**19**57年第一颗人造卫星的发射标志着人类从此步入太空时代。自那时起，宇航员和太空探测器开始离开地球探索太空。迄今为止，已有12名宇航员成功探月。宇航技术的不断进步使自动导航系统得以研发，帮助航天器抵达和进入行星轨道，2003年发射的执行火星遥测拍摄任务的"火星快车"号探测器就采用了这一系统。作为欧洲航天局（ESA）最重要的火星探测计划项目之一，"火星快车"号完全由太阳能供电。●

## 自动导航系统

环绕行星运行的人造卫星之类的无人飞行器都是利用无线电设备向地球传输信息，卫星的覆盖范围取决于其轨道的类型。也有一些探测器登陆到星球表面，例如被发射到金星、火星和月球的探测器。探测器到达目的地后开始执行探测工作，激活探测仪器，收集数据，并将数据传回地球进行分析。

### 传统的导航系统

探测器临近天体时，地球基地的光学导航会受到无线电信号传输到航天器的时间的影响。

地面导航系统需要无线电跟踪。

航天器回传图像数据并接收指令信息。

发射

地球控制系统计算运行轨迹并将操作参数发送给航天器。

太阳能电池板
提供导航能量。

燃料箱
每个燃料箱装有270升推进剂。

推进器
用于校正轨道。

**2** 探测器打开太阳能电池板，依靠太阳能运行，并向地球发回信号发出遥测数据，作为判断各种仪器是否正常的依据。

发射

**1** 2003年6月2日，"火星快车"号探测器搭乘"联盟"号运载火箭在哈萨克斯坦发射升空。探测器脱离地球轨道后启动"弗雷加特"助推器，开始向火星轨道进发。

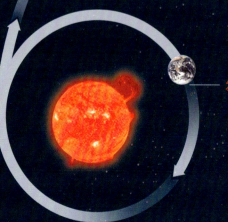

**④** 探测器处于火星轨道最高点时，向地球传输数据。此时，高增益天线从这颗红色星球转向对准地球。"火星快车"号于2003年12月开始环绕火星飞行。

高增益天线
用来与地球的远距离通讯。

**③** "火星快车"号踏上近七个月的火星之旅，探测器通过无线电通讯，由位于德国达姆施塔特的飞行任务控制中心监控。"火星快车"号需要不断校正飞行路线，避免与火星相撞。

## 太空计划

太空之旅需事先筹划多年。太空探测器是自动飞行器，可以利用一颗行星的引力场到达另一颗行星。有些探测器仅按预先设定的距离途经其探测的行星；而有些探测器（轨道飞行器）则沿着既定线路进入行星轨道。它们可以从轨道上发送较小的着陆探测器，操纵数据收集工具。而载人航天器则需要更加完善的设计，如空气、水、食物、座椅、休息区以及导航、控制和信息传输设备等。

### 无人航天器

3.7米

极地轨道之人造卫星"雨云"号

5.1米

飞越太空探测器"水手"号

3.3米

带着陆装置的探测器"海盗"号

27米

气象卫星"戈斯"号

1.3米

轨道探测器"伽利略"号

0.3米

探测车"旅居者"号

### 太空行走

为了收集更多信息，宇航员要在飞船外进行太空行走。

### 载人航天器

1.5米

东方计划"东方"1号

3.4米

双子座计划"双子座"8号

35米

空间站"和平"号

17.5米

阿波罗计划"阿波罗"11号

17米

航天飞机"哥伦比亚"号

15米

空间站"太空实验室"号

# 从科幻到现实

**19** 世纪末，俄罗斯宇航先驱康斯坦丁·齐奥尔科夫斯基提出火箭能够克服重力的理论，在此基础上诞生了宇航学。赫尔曼·奥伯特于1917年设计了一枚液体燃料火箭，后来由美国的罗伯特·戈达德于1926年建造成功；德裔火箭专家沃纳·冯·布劳恩研发出了红石火箭、木星探空火箭和土星火箭，为日后的载人探月任务做了必要的准备。1957年第一颗人造卫星"伴侣1号"的发射，正式开辟了人类星际航行的道路。第二颗人造卫星是"伴侣2号"，把一条名叫"莱卡"的小狗载入了地球轨道。●

### "伴侣1号"

开启了的美苏太空竞赛的苏联霸权期。"伴侣1号"卫星是一个直径58厘米的铝制球体，于1957年发射升空。它装载的仪器可以持续21天向地球传回地球上层大气的宇宙辐射、陨石、密度和温度等信息。57天后，"伴侣1号"再次进入大气层时被剧烈的气动摩擦烧毁。

**第二位**
罗伯特·戈达德设计了高3米的火箭，火箭点火后上升了12米，然后水平飞行56米后坠毁。

**第一位**
德国人赫尔曼·奥伯特于1917年设计了液体燃料火箭，推进了航天理念的发展。

**第三位**
沃纳·冯·布劳恩任职于美国国家航空航天局（NASA），研制了"土星"5号火箭，该火箭在1969年至1972年曾多次运送宇航员抵达月球。

**罗伯特·戈达德**
（1882—1945）
美国物理学家，研究火箭并演示火箭在太空飞行中的应用。

**赫尔曼·奥伯特**
（1894—1989）
科学家，二战期间钻研火箭技术。

**沃纳·冯·布劳恩**
（1912—1977）
德裔物理学家，曾为阿道夫·希特勒设计弹道导弹。

"伴侣·1号"

| | |
|---|---|
| 发射时间 | 1957年10月 |
| 轨道高度 | 600千米 |
| 轨道周期 | 97分钟 |
| 重量 | 83.6千克 |
| 制造国 | 苏联（USSR） |

**1609年**
伽利略
发明了第一台天文望远镜，并观察到月球上的环形山。

**1798年**
亨利·卡文迪什
证明了万有引力定律对所有物体产生作用。

**1806年**
火箭
军用火箭问世，并用于1814年的空袭。

**1838年**
距离
以地球公转轨道半径为基线，测量出了天鹅座61的距离。

**1926年**
第一枚火箭
罗伯特·戈达德发射了第一枚液体燃料火箭。

## 运送小狗的卫星

"伴侣2号"是苏联发射到地球轨道的第二颗卫星（1957年11月3日发射），也是第一颗载有生物的卫星，它将小狗"莱卡"载入了太空。该卫星长4米，直径2米。1台记录狗的重要生命体征的机器连接到"莱卡"身上，氧气由一套空气再生系统供给，食品和水均为胶状形式。

**"伴侣2号"**
小狗"莱卡"位于加压密封舱内。

气动鼻锥
从鼻锥进行弹射的装置

科学仪器

无线电广播发射机

隔热板

支撑结构

加压舱

风扇

安全环

制动推进器

远程通讯天线

**"伴侣2号"**

| 发射时间 | 1957年11月 |
| --- | --- |
| 轨道高度 | 1660千米 |
| 轨道周期 | 103.7分钟 |
| 重量 | 508千米 |
| 制造国 | 苏联（USSR） |

在地球上的重量为
## 508千克。

尺寸
长4米，直径2米。

**乘客**
小狗"莱卡"是第一个访问太空的地球生物。

## "探索者1号"

美国独立研发的第一颗人造卫星"探索者1号"于1958年从卡纳维拉尔角发射。"探索者1号"外形呈圆柱体，直径15厘米，重达14千克，在太空对宇宙辐射和陨石进行了112天的探测。最主要的发现是范阿伦辐射带。"探索者1号"由加州理工学院的喷气推进实验室设计制造。

**"探索者1号"**

| 发射时间 | 1958年1月/2月 |
| --- | --- |
| 轨道高度 | 2 550千米 |
| 轨道周期 | 114.8分钟 |
| 重量 | 14千克 |
| 研发机构 | 美国国家航空航天局（NASA） |

在地球上的重量为
## 83.6千克。

**结构图**
"探索者1号"由美国国家航空航天局（NASA）于1958年设计。

有线天线
微小陨石探测器

锥形整流罩
高增益发射器
内部温度指示器
玻璃纤维环

在地球上的重量为
## 14千克。

尺寸
"探索者1号"长0.8米，直径15厘米。

**天线**
"伴侣1号"装有四根天线，长度从2.4米到2.9米不等。

**1927年**
航天协会
7月5日，"德国宇宙航行协会"成立。

**1932年**
冯·布劳恩
开始为德国军队研制火箭。

**1936年**
实验室
古根海姆航天实验室，后改名为喷气推进实验室。

**1947年**
火箭发动机飞机
查克·耶格尔试飞火箭发动机飞机X—1，突破了音障。

**1949年**
缓冲器
两级火箭的第一级达到了393千米的海拔高度。

**1957年**
"伴侣1号"
10月4日，苏联成功将"伴侣1号"卫星发射升空。

# 美国国家航空航天局（NASA）

**美**国国家航空航天局（NASA）负责组织美国航天计划的组织工作。该机构成立于1958年，是美国与苏联太空竞赛催生的产物。美国所有与太空探索相关的项目均由美国国家航空航天局实施。该机构拥有一个发射中心——肯尼迪航天中心，在美国各地还有许多其他航天设施。●

## 美国国家航空航天局（NASA）各中心

美国国家航空航天局（NASA）负责的航空航天研究项目数量巨大，种类繁多，研究中心遍布全国。该机构拥有大量用于模拟飞行、宇航员训练以及预备工作的科研设施。美国国家航空航天局（NASA）总部位于华盛顿特区，飞行控制中心设在休斯敦。喷气推进实验室是另一个重要的中心，其职责包括管理深空网络，该网络通过设在美国加利福尼亚州、西班牙和澳大利亚的设施与太空任务保持持续通讯联络。

### 艾姆斯研究中心
该中心创建于1939年，是多项飞行任务的实验基地。该中心配备有飞行模拟器，并拥有先进的航空航天技术。

### 林登·贝恩斯·约翰逊控制中心
宇航员的挑选与培训，以及航天飞机的发射与收回任务控制均由位于休斯敦的这家中心负责。

### 马歇尔太空飞行中心
该中心负责管理设备运输、推进系统以及航天飞机的发射。

印度河

访客中心

刘易斯研究中心

独立核查和验证设施

戈达德太空研究所

NASA华盛顿特区控制中心

兰利研究中心

沃洛普斯飞行设施

白沙测试场

约翰·F·肯尼迪航天中心

米丘德装配厂

### 喷气推进实验室
该实验室负责设计飞行系统、提供技术评估以及管理深空网络。

### 德莱顿飞行研究中心
该中心于1947年开始负责实施与大气有关的项目。

### 戈达德太空飞行中心
该中心负责设计、制造和监控遥测地球和其他行星的科学卫星。

### 深空网络其他设施

马德里太空通信综合设施

堪培拉太空通信综合设施

**飞行器着陆跑道**
美国国家航空航天局（NASA）肯尼迪航天中心的着陆跑道是世界上最长的跑道之一，不仅用于航天飞机的着陆，也用于商用和私人飞机的着陆。

航天飞机起落设施

曳机道

4 600米

39B综合设施

"阿波罗/土星5号"中心

航天飞机处理设施

控制中心

操作楼

国际空间站中心

飞行器装配大楼

飞行器运输道

39A综合设施

巴那那河

"自由女神之星"号

"自由之星"号

美国空军太空与导弹博物馆

观测塔

40综合设施

历史发射场

卡纳维拉尔角灯塔

17综合设施

历史发射区

大西洋

# 肯尼迪航天中心

肯尼迪航天中心拥有将飞行器送入太空的所有设施，位于佛罗里达州卡纳维拉尔角附近的梅里特岛。中心长54千米，面积352平方千米，拥有员工约17 000人。该发射中心成立于1962年7月1日，并以美国第35任总统约翰·菲茨杰拉德·肯尼迪的名字命名。载着宇航员首次踏上月球的"阿波罗11号"就是从肯尼迪航天中心发射升空的。该中心还负责航天飞机的发射和收回。

**飞行器装配楼**
该楼体积为3 664 883立方米，是世界上体积最大的建筑。装配楼用于存储外部燃料箱和飞行仪器。

**用于回收助推火箭的船只**
火箭于发射前在这里组装。当火箭在完成使命后坠落水中时，会被回收翻新。

# 其他航天机构

**19**75年，欧洲航天局（ESA）成立，使欧洲宇宙探索活动不断加强。欧洲航天局（ESA）是一个政府间组织，是投资仅次于美国国家航空航天局（NASA）的第二大航天机构。俄罗斯航天局（RKA）发射的"和平"号空间站在地球轨道上运行了15年，是人类长期在太空居住的一个里程碑。加拿大航天局（CSA）和日本航天局（JAXA）等其他航天机构也为地球轨道探索和太阳系探索作出了重要贡献。●

### 法属圭亚那的库鲁
**欧洲发射基地**

纬度：北纬5°，赤道以北500千米。在靠近赤道的低纬度区域发射有助于火箭进入地球轨道。另外，该地区人迹罕至，无地震发生。

| 表面积 | 750平方千米 |
| --- | --- |
| 总成本 | 16亿欧元 |
| 首次发射 | 1968年 |
| 员工 | 600人 |

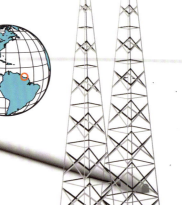

### 欧洲航天局（ESA）

| 成立时间 | 1975年 |
| --- | --- |
| 成员国 | 17个 |
| 年投资 | 30亿欧元 |
| 员工 | 1 900人 |

**图例**

▨ 欧洲航天局成员国

## 欧洲太空探索

▷ 欧洲航天局（ESA）成立于1975年，由原欧洲航天研究组织（ESRO）和欧洲运载火箭研发组织（ELDO）合并而成。ESA组织实施了"金星快车"号、"火星快车"号和"尤利西斯"（与NASA联合研制）等多项重要的太空任务。ESA将年度预算的20%用于制造运载火箭。

## "阿丽亚娜"系列

▷ "阿丽亚娜"系列火箭的研发让欧洲航天局（ESA）在国际航天市场的角逐中占领先机，曾先后发射日本、加拿大和美国公司研制的卫星。

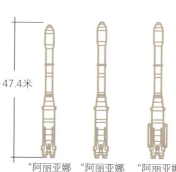

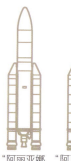

47.4米

"阿丽亚娜1号"　"阿丽亚娜2号"　"阿丽亚娜3号"　"阿丽亚娜4号"　"阿丽亚娜5号"　"阿丽亚娜5号"改良型

## 任务开端

> "普朗克"计划是欧洲航天局（ESA）投入精力最多的项目，旨在确定精确的宇宙年龄以及测试不同的宇宙膨胀模型。该计划也致力于使美国威尔金森微波各向异性探测器（WMAP）计划对宇宙形成和演化以及宇宙背景辐射的探测结果更加精确。"普朗克"探测器的分辨率是WMAP的10倍。"普朗克"于2008年由"阿丽亚娜"火箭发射。该探测器经过4~6个月的航程后，将调整到距地球150万千米的轨道。

### "普朗克"计划

| | |
|---|---|
| 发射时间 | 2007年 |
| 预计运行时间 | 21个月 |
| 发射飞行器 | "阿丽亚娜5号" |
| 发射重量 | 1 800千克 |

## 加拿大航天局

> 加拿大航天局（CSA）成立于1990年，但其在此时间之前已经参与航天活动。加拿大的第一次发射任务是1962年运送"百灵鸟1"号卫星。加拿大航天局（CSA）最重要的任务是1995年11月发射的"雷达"卫星，该卫星可以提供环境信息，还可用于卫星地图的绘制、水文调查、海洋观测以及农业发展研究。加拿大航天局（CSA）参与了国际空间站（ISS）的建设，为国际空间站提供了一个名为移动服务系统（MSS）的机械臂。

## 日本航天局

> 2003年10月1日，日本航天局（JAXA）由宇宙与航空科学研究所（ISAS）、国家航空航天实验室（NAL）和国家空间开发局（NASDA）这三个独立的组织合并而成。该机构最突出的成就是发射于2003年5月的"隼鸟"号探测器。它是第一个小行星探测器，于2005年11月到达小行星"丝川"。探测器出现了一系列故障，它于2010年携带从小行星表面采集的样本返回地球。

**运输路线**

**发射平台**
"阿丽亚娜"火箭以3.5千米/小时的速度被运移到3.5千米外的发射平台后，发射准备就绪。

**收尾设计**
火箭进入装配楼做最终细节处理。

**装配楼**
这是火箭运至发射平台前的最后处理环节。

## 俄罗斯联邦航天局

> 是苏联解体后成立的机构，使用了苏联太空研究计划中的太空科技和火箭发射场。俄罗斯航天机构负责国际空间站的前身——"和平"号空间站的运行。"和平"号空间站由1986~1996年分次发射的不同模块在地球轨道上组装而成。2001年3月23日，"和平"号空间站完成其历史使命，按控制程序坠落。

**"和平"号空间站**
为进入太空的宇航员提供住所。

**"进步号M"系列飞船**
用于补给食物和燃料。

**使用寿命**
## 15年

**"联盟号"运载火箭**
俄罗斯航天机构的火箭，用于将飞行器送入轨道。

**太阳能电池板**
为空间站提供由太阳能转化产生的电能。

**主舱**
用作生活区和空间站的总控制区。

# 俄罗斯太空任务

**苏**联最初在小卫星上测试失重对动物的影响，取得成功后，同美国一样开始制定载人航天计划。尤里·加加林是第一位绕地球进行轨道飞行的宇航员，作为苏联宇宙飞船"东方1号"上的唯一一名宇航员，他于1961年到达315千米的轨道高度。加加林搭乘的这艘绕地球飞行的太空舱由SL-3运载火箭送入轨道，并配有供宇航员在紧急情况下使用的弹射系统。●

## 俄罗斯太空探索

"东方1号"宇宙飞船并非由宇航员直接控制，而是由工程师远程控制。飞船包含一个重2.46吨、直径2.3米的球形座舱。这个单人座舱安装在装有火箭发动机的太空舱上。尤里·加加林使用降落伞返回地球。

### 第一位太空先驱
#### 尤里·加加林
加加林搭乘"东方1号"，成为进入太空的第一位宇航员。1961年，他在315千米的高度绕地球轨道飞行。

（1934—1968）
这位苏联宇航员推动了航天事业的发展。他后来死于米格-15喷气式飞机的一次飞行事故。

### 第一位女性太空先驱
#### 瓦莲京娜·捷列什科娃
1963年她乘坐"东方6号"进行太空飞行。她在这次任务中绕地球轨道飞行了48圈，历时71小时。

（生于1937年）
捷列什科娃曾是一名跳伞爱好者。直到19年后，才出现另一位女宇航员。

### 太空行走
#### 阿列克谢·列昂诺夫
列昂诺夫是第一位进行太空行走的宇航员。1965年3月，他搭乘"东方2号"飞船进入外太空。

（生于1934年）
1953年加入空军，1959年开始进行太空飞行训练。1975年他指挥了"阿波罗-联盟号"联合飞行任务。

### 东方1号

| 发射时间 | 1961年4月 |
|---|---|
| 轨道高度 | 315千米 |
| 轨道周期 | 1小时48分钟 |
| 重量 | 2 460千克 |
| 研发机构 | 苏联 |

在地球上的重量为
**5 000千克。**

4.5米

**天线**
它配备功率强大的天线，以便与地球保持联系。

**结构**
"东方"号组件示意图

可膨胀气闸舱

氮气和氧气储罐

出入口

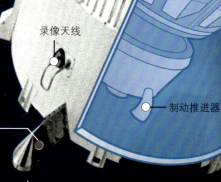

录像天线

制动推进器

马达控制器

---

**1957年**
"伴侣2号"
11月3日苏联发射的第二颗卫星，卫星上载了一只叫"莱卡"的狗。

**1958年**
"探索者1号"
于2月份发射，是第一颗绕地球飞行的美国卫星。

**1958年**
美国国家航空航天局（NASA）
美国国家航空航天局（NASA）成立。

**1959年**
"月球1号"
由苏联在2月份发射，该卫星飞抵距离月球6 000千米处。

**1959年**
"月球3号"
于10月份发射，该卫星拍摄了月球背面的照片。

**1960年**
小狗
两只小狗史翠卡和贝尔卡在持续了一天的轨道旅程之后，活着返回地球。

氮气储罐

宇航员

亢员弹射座椅

## 俄罗斯东方之爱

"东方"号是苏联的一项宇宙飞船计划，从1961年4月至1963年6月相继把6位宇航员送入地球轨道。1963年6月16日该系列载人飞船载着世界上第一位女宇航员——瓦莲京娜·捷列什科娃升入太空。这是一次联合飞行，瓦莱里·贝科夫斯基驾驶着另一艘飞船——"东方5号"。这次任务进行了医疗和生物研究，并对飞船系统开发的相关问题进行了分析。"东方"号飞船今天仍在使用，负责把宇航员送入国际空间站。

### "东方"号任务

| | |
|---|---|
| "东方1号" | 1961年4月12日 |
| "东方2号" | 1961年8月 6日 |
| "东方3号" | 1962年8月11日 |
| "东方4号" | 1962年8月12日 |
| "东方5号" | 1963年6月14日 |
| "东方6号" | 1963年6月16日 |

### "东方"号助推火箭
"东方"号需要借助助推火箭的力量飞离地球。

载人舱

第三级火箭　　　第二级火箭　　　第一级火箭

### "东方"号助推火箭
"东方"号是人类第一次载人太空任务，宇航员是尤里·加加林。

**1** 飞船于上午9时07分在丘拉塔姆的拜科努尔发射中心发射。

**2** 10时25分火箭和飞船开始分离，10时35分宇航员开始返回。

**3** 宇航员身背降落伞从座舱里弹出。

**4** 宇航员在4 000米的高度脱离弹射座椅。

### 回程
此次太空飞行开始于丘拉塔姆，火箭上升到315千米的高度。接下来先越过西伯利亚的一部分，然后横跨整个太平洋，经过合恩角和南极地带，越过大西洋后飞过刚果上方的非洲天空。而后，加加林乘坐的座舱从运载火箭分离出来（火箭继续在轨道上运行），并开始下降。座舱降落在莫斯科以东约740千米的萨拉托夫。

发射

**5** 宇航员在上午11时05分降落在萨拉托夫。

**1961**
哈姆
第一只被送入太空亚轨道飞行的黑猩猩。

**1961**
"东方1号"
苏联宇航员尤里·加加林绕地球飞行了108分钟。

**1961**
"水星"号
美国国家航天航空局（NASA）的艾伦·谢帕德进行了15分钟的亚轨道飞行。

**1964**
"双子星1号"
1964年和1965年发射的两艘"双子星"飞船进行了无人飞行。

**1964**
"上升号"
首次有3位宇航员一起进入太空。

**1965**
"上升2号"
阿列克谢·列昂诺夫成功出舱进行了首次太空行走。

# 北美宇宙飞船

**在** 苏联与美国的太空竞赛过程中，美国于1959年至1963年制定了"水星"计划。该航天计划中使用的载人座舱空间狭小，体积仅为1.7立方米。1961年5月的首次载人飞行之前，"水星"计划曾先后将3只猴子送入太空。"水星"飞船由"红石"号（用于亚轨道飞行）和"宇宙神"号（曾5次成功地用于轨道飞行）两枚运载火箭发射升空。"水星"计划使用的另外一种运载火箭"小乔伊"曾用于逃逸塔和飞行中断程序测试。●

推进器

## "水星"计划的历程

此项计划所需设备的开发，从更大的意义上讲是政治的产物而非科学的意图。继1957年苏联成功发射"伴侣1号"后，在冷战环境下，美国开始着手启动自己的太空计划。"水星"飞船的开发是促成"阿波罗"计划的第一步。1961年公布的"阿波罗"计划的最初方案是飞越月球，但肯尼迪总统则希望美国人能够登陆月球、在月球漫步并返回地球，因此对计划进行了变更。

隔热板

双层舱壁

逃逸塔

"水星"飞船

载人舱

燃油箱

运载火箭

助燃剂箱

发动机

| 试验 | 哈姆 |
|---|---|
| 动物是进入太空的第一批地球生物。首先将它们送入太空是为了确保人类能够在太空飞行中生存。 | 哈姆是进入太空的第一只黑猩猩，它在装有传感器与遥控仪器的太空飞船中很轻易地存活了下来。 |

| 首位进入太空的宇航员 | 艾伦·谢帕德（1923—1998） |
|---|---|
| 1961年5月5日，艾伦·谢帕德从卡纳维拉尔角升空，成为首位搭乘"水星"飞船进行太空飞行的美国人。 | 艾伦·谢帕德完成首次太空飞行后，在美国国家航空航天局（NASA）担任要职。1971年，他参与了"阿波罗14号"登月任务。 |

| "水星"计划的最后一位宇航员 | 戈尔登·库勃（1927—2004） |
|---|---|
| 他是最后一次"水星"任务的指挥官。在1963年5月的这次任务中，航天器绕地球轨道飞行了22圈，结束了"水星"计划的操作飞行阶段。 | 戈尔登·库勃于1959年被选为宇航员。1965年，他执行了耗时190小时56分钟的"双子星"任务。他于1970年退休。 |

在地球上的重量为

# 1 935千克。

**太空舱**

"水星"飞船的座舱长度与一般人的身高相差无几。

"水星"飞船

### 技术数据

| 第一次发射时间 | 1960年7月29日 |
|---|---|
| 最大轨道高度 | 282千米 |
| 直径 | 2米 |
| 最长飞行时间 | 轨道飞行22圈（34小时） |
| 发射机构 | 美国国家航空航天局（NASA） |

**1965年**
**"水手4号"**
"水手4号"飞越火星，拍摄了这颗红色星球的第一组照片。

**1965年**
**"双子星3号"**
宇航员维吉尔·格里森和约翰·杨开始了这项载人飞行计划。

**1965年**
**会合**
"双子星6号"和"双子星7号"成功地实现了太空会合。"双子星"计划是阿波罗计划的预行计划。

**1966年**
**"月球9号"**
1966年2月3日，"月球9号"完成了首次登月，拍摄了照片并发回地球。

**1966年**
**"勘测者1号"**
1966年6月2日，美国的"勘测者1号"首次登上月球，并传回了10 000多张高清晰度照片。

**1966年**
**"月球10号"**
1966年4月由苏联发射的另一颗卫星，它向地球发回了无线电信号。

## 太空飞行

太空飞行期间，宇航员要操纵100多个控制器。同时，他们也能通过一扇小窗户观察飞船外的情况。

逃逸塔

太空舱

逃逸塔

助推器引擎

**2** 逃逸火箭与逃逸塔和助推器引擎分离后点火，降落伞系统启动。

**3** 太空舱旋转180°。根据任务不同，太空舱可以选择进行1~22圈轨道飞行。轨道飞行完成后太空舱开始降落。

再入大气层降落伞

太空舱

头盔

观察窗

### 最早的"水星"之旅

六次成功的"水星"飞行均是由固体燃料火箭完成的。1961年5月，首次完成了亚轨道飞行，持续时间为15分钟。这么多年来，随着航天器的不断改进，宇宙飞行的持续时间也在不断延长。

**1** 燃料燃烧提供的推力可以将运载火箭与指挥舱一起送入太空。"水星"飞船共有3枚固体燃料火箭。

返回

控制台

推进器

助推器

气动调节装置

降落伞

**4** 太空舱在轨道高度6 400米处开始降落，准备再入地球大气层。降落伞打开。

主降落伞

### "水星"飞船的飞行任务

#### 搭载动物的"水星"任务

| "小乔伊" | 1959年12月4日 | 山姆 |
|---|---|---|
| "红石" | 1961年1月31日 | 哈姆 |
| "宇宙神7号" | 1961年11月29日 | 以诺士 |

#### 搭载宇航员的"水星"任务

| "红石3号" | 1961年5月5日 | 艾伦·谢帕德 | "自由7号" |
|---|---|---|---|
| "红石4号" | 1961年7月21日 | 维吉尔·格里森 | "自由钟7号" |
| "宇宙神6号" | 1962年2月20日 | 约翰·格伦 | "友谊7号" |
| "宇宙神7号" | 1962年5月24日 | 斯科特·卡彭特 | "极光7号" |
| "宇宙神8号" | 1962年10月3日 | 瓦雷·施艾拉 | "西格玛7号" |
| "宇宙神9号" | 1963年5月15日 | 戈尔登·库勃 | "信仰7号" |

太空舱坠入海中

逃逸火箭

**5** 在对其进行搜索回收前，宇航员降落伞和备用降落伞分离，坠入海中后分别被回收。

**1966年**
**"阿波罗"计划**
"阿波罗"计划始于1966年2月，旨在登陆月球。

**1967年**
**悲剧**
1967年1月，在进行"阿波罗"计划定期测试时发生火灾，3名宇航员丧生。

**1967年**
**"联盟1号"**
苏联计划同样也遭遇了致命事故。1967年4月24日，弗拉基米尔·科马洛夫乘坐的飞船在返回地面时坠毁，他在此次事故中遇难。

**1968年**
**"阿波罗8号"**
"阿波罗8号"首次使用"土星5号"运载火箭作为助推火箭，它在6天时间内绕月球飞行了10圈。

**1969年**
**"联盟4号"和"联盟5号"**
与"双子星"计划相同，苏联的太空计划也成功完成了两艘宇宙飞船的对接。

**1969年**
**"阿波罗11号"**
艾德文·阿尔德林和尼尔·阿姆斯特朗完成了月球行走，美国人终于实现了其登月目标。

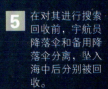

# 人类的一大步

**随**着肯尼迪总统宣称美国将于20世纪60年代结束前登陆月球，美苏两国的太空竞赛达到了白热化。1969年，人类首次登上月球。此次任务包括太空飞行和在月球上停留，共耗时一周。在这次发射任务中，首次使用了两枚助推火箭：一枚用于运送宇宙飞船离开地球飞往月球；另一枚用于运送宇宙飞船从月球返回地球。尼尔·阿姆斯特朗是登陆月球的第一人，他将一面美国国旗置于外层空间。●

## 发射

登月舱由"土星5号"运载火箭驱动。"土星5号"重达3 000吨，是当时人类建造的最重的火箭。

**1** 2分42秒后，火箭速度达到9 800千米/小时，进入地球轨道。

发射平台

第1步

绕地飞行

**3** 轨道舱和登月舱仍处于对接状态。

**2** 完成第一步绕地飞行一圈后，第二步是飞船与运载火箭分离，此时飞船速度为23 000千米/小时。

## "鹰"号登月舱

"鹰"号登月舱分为两个部分，分别用于登月时的降落和完成任务后的起飞。在起飞和降落期间，登月舱要与轨道舱保持连接。

在地球上的重量为

**24 500千克**。

## 登月之旅

 登陆月球并返回地球的整个任务耗时约200小时。本次任务中使用了轨道舱（"哥伦比亚"号）和登月舱（"鹰"号）。在进行第三步的对接任务之前，两舱均捆绑于"土星5号"运载火箭上。"鹰"号登月舱内搭载了两名宇航员，在进行了180°轨道修正并并入月球轨道后与轨道舱分离，然后其引擎点火，准备登陆月球。在月球表面停留了21小时38分钟后，于7月24日开始返回地球之旅。

## "土星5号"

这枚运送"阿波罗"号飞船的运载火箭有29层楼高。

**4** 进入月球轨道后，"鹰"号登月舱与轨道舱分离，准备登陆月球。

登月舱与轨道舱的对接

轨道修正

登月舱

对接雷达天线

座舱

助推器总控制系统

出舱平台

助燃剂箱

实验设备

| "鹰"号登月舱（LM-5） | |
|---|---|
| 登月时间 | 1969年7月20日 |
| 高 | 6.5米 |
| 座舱体积 | 6.65立方米 |
| 乘员人数 | 2人 |
| 发射机构 | 美国国家航空航天局（NASA） |

## "阿波罗11号"飞船的功能舱

执行"阿波罗11号"任务的宇宙飞船分为两部分，即"哥伦比亚"号指挥舱和"鹰"号登月舱。最初两舱是连接在一起的，进入月球轨道后二者分离，完成降落飞行后在月球表面着陆。

### 轨道舱

两舱式，可容纳2名乘员。

机动天线

推进用氧气箱

超高频天线

燃料箱

着陆轮

指挥舱　服务舱　高增益天线

备用燃料　推进控制器

发动机

宇航员座舱

燃料箱　两箱氢气　推进系统

### "哥伦比亚"号指挥舱
（Csm-107）

| | |
|---|---|
| 登月时间 | 1969年7月16日 |
| 高 | 11米 |
| 直径 | 3.9米 |
| 座舱体积 | 6.2立方米 |
| 乘员人数 | 3人 |
| 发射机构 | 美国国家航空航天局（NASA） |

在地球上的重量为
**30 000千克**。

### 宇航员

美国国家航空航天局（NASA）派出的执行此次登月任务的三名宇航员经验丰富，他们都曾参与过为登陆月球并在月球表面行走做了重要准备工作的"双子星"计划。阿姆斯特朗和阿尔德林成为了最早踏上月球表面的人，柯林斯则在距月球111千米的轨道中进行了绕月飞行。

**尼尔·阿姆斯特朗**
（1930—2012）
1966年搭乘"双子星8号"执行了第一次任务，后成为登月第一人。1971年，他从NASA退休。

**迈克尔·柯林斯**
（生于1930年）
搭乘"双子星10号"进行太空行走的第三位宇航员，后成为"哥伦比亚"号指挥舱的飞行员。

**艾德文·奥尔德林**
（生于1930年）
参与了"双子星13号"的训练任务，后成为登月的第二人。

庞大的"鹰"号登月舱
宇航员只比"鹰"号登月舱支架的一半高一点。

# 月球的真面目

**六**次"阿波罗"任务曾成功地在月球表面着陆。"阿波罗13号"由于氧气罐发生爆炸，飞抵月球却未能着陆，但宇航员凭借自己的智慧和经验最终安全返回地球。随着"阿波罗"任务的成功，月球不再是遥不可及的了。先后已有十余名宇航员踏上散布着陨石坑的月球表面那踩上去嘎吱作响的灰色熔岩土壤上。除了带回各种数据之外，每次登月不仅促进了太空科学的发展，也激发了人们飞向太阳系其他星球的愿望。●

## "阿波罗"计划

"阿波罗"计划始于1960年7月，是现代技术取得重大进步的标志。这项任务使美国在太空竞赛中遥遥领先。"阿波罗"11号、12号、14号、15号、16号和17号六次任务都成功登月。"阿波罗"登月舱是首个可以在没有任何空气动力的状况下在真空中飞行的宇宙飞行器。

**336千克**

**25千米**

**301小时
51分50秒**

### 参与"阿波罗"计划的21位宇航员

共有21名宇航员参与了"阿波罗"计划的七次登月任务。其中六次任务成功登月，共12名宇航员进行了月球表面行走。

### 月球物质
事实证明，月球岩石样本与地球地幔中的岩石类似。

### 行驶距离
"阿波罗"15号、16号和17号任务中月球漫游车的行驶总距离。

### 停留
任务时间最长的"阿波罗17号"任务持续了近302小时。

### 圆满结局
"阿波罗－联盟"号测试计划标志着登月太空竞赛的结束。

## 月球漫游车
宇航员用来探索月球表面的电动车。

高增益天线

低增益天线

电视摄像机

手动控制器

电视摄像机

月球通信传输设备

储存柜

数据控制台

## "阿波罗"任务

**1970年
"阿波罗13号"**
由于服务舱液氧罐发生爆炸，宇航员被迫提前返航。

图为詹姆斯·洛弗尔、弗莱德·海斯和约翰·斯威格特。

**1972年
样本**
在最后一次"阿波罗"探月任务中，"阿波罗17号"的宇航员尤金·赛尔南和哈里森·施密特乘坐月球漫游车采集了月球表面的岩石样本。

**1972年
"阿波罗－联盟"号测试计划**
"阿波罗"号与"联盟"号宇宙飞船实现太空对接，这是美国国家航空航天局和苏联航天局首次联合执行任务，也是最后一次"阿波罗"任务。

## 月球轨道飞行器

▶ "月球勘探者"号于1998年发射，在太空停留了19个月。它在距月球表面100千米的轨道中以5 500千米/小时的速度绕月球飞行，每两小时绕月一圈，采集月球表面的数据。"月球勘探者"号的任务是进入月球低极轨道，绘制月球表面地图，勘测月表成分以及寻找可能的冰水沉积，并测定月球磁场和重力场。

"月球勘测者"号拍摄的月极图像。

### "月球勘探者"号

看上去像一个由成千上万个光电电池板组成的圆筒。

伽马射线光谱仪
可用于探测钾、氧、铀、铝、硅、钙、镁和钛。

推进器

磁力仪
用于探测宇宙飞船附近的磁场。

太阳能传感器

太阳能电池板

天线
用于保持与地球的通讯。

α 粒子光谱仪
用于探测放射性气体散逸出的粒子。

中子光谱仪
用于探测月球表面的中子。

#### "月球探勘者"号

| | |
|---|---|
| 发射时间 | 1998年1月 |
| 飞抵月球耗时 | 105小时 |
| 重量 | 295千克 |
| 总成本 | 6 300万美元 |
| 研发机构 | 美国国家空航天局（NASA） |

天线
用于与美国国家空航天局（NASA）深空网络的通讯。

## "阿波罗"计划结束

▶ 在完成六次登月后，"阿波罗"计划终止。由于预算原因，"阿波罗"18号、19号和20号任务被取消。"阿波罗"计划使美国在太空竞赛中取得领先地位。

### 月球漫游车

| | |
|---|---|
| 发射时间 | 1971年7月 |
| 长 | 3.10米 |
| 宽 | 1.14米 |
| 速度 | 16千米/小时 |
| 研发机构 | 美国国家空航天局（NASA） |

天线
高增益天线，在月球漫游车上呈伞状。

在地球上的重量

**209千克**

在月球上的重量

**35千克**

"阿波罗13号"
右图为"阿波罗13号"的宇航员，由于飞船服务舱发生爆炸，该任务被迫中止。

**詹姆斯·洛弗尔**
（生于1928年）
是"双子星4号"飞行任务的后备指挥官，也是"双子星"7号和12号的指挥宇航员。

科学家
登上月球的唯一一个普通人。他搭乘"阿波罗17号"登上月球，成为了在月球上工作的第一位地质学家。

**哈里森·施密特**
（生于1928年）
北美地质学家，参与了最后一次"阿波罗"飞行任务。

"阿波罗-联盟"号测试计划
苏联宇航员列昂诺夫参与了"阿波罗-联盟"号测试计划。在此次计划中，"阿波罗"号与"联盟"号飞船进行了为期七天的联合对接飞行。

**阿列克谢·列昂诺夫**
（生于1934年）
出生于西伯利亚。在"上升2号"任务中，他是进行太空行走的第一人。

样本收集袋

## 后续探月任务

**1994年**
"克莱门汀"号
宇宙飞船"克莱门汀"号绕月飞行的任务是绘制月球表面地图，并获取月球南极附近未喷发过的环形火山的雷达数据。

**2003年**
"斯玛特1号"
"斯玛特1号"是欧洲航天局（ESA）发射的第一艘探月无人宇宙飞船。其任务是分析未探索的月球区域，并对太阳系离子推进等新技术进行测试。

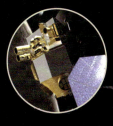

**2008年**
月球勘测轨道器
美国国家空航天局计划使用运载火箭将月球勘测轨道器发射至月球南极，用于为未来的探月任务寻找可用水源。

# 历史的回声

**根**据美国国家航空航天局（NASA）威尔金森微波各向异性探测器（WMAP）于2001年获得的数据，科学家成功绘制了宇宙大爆炸的产物——宇宙背景辐射详图。专家称该图揭示了第一代星体形成的线索。●

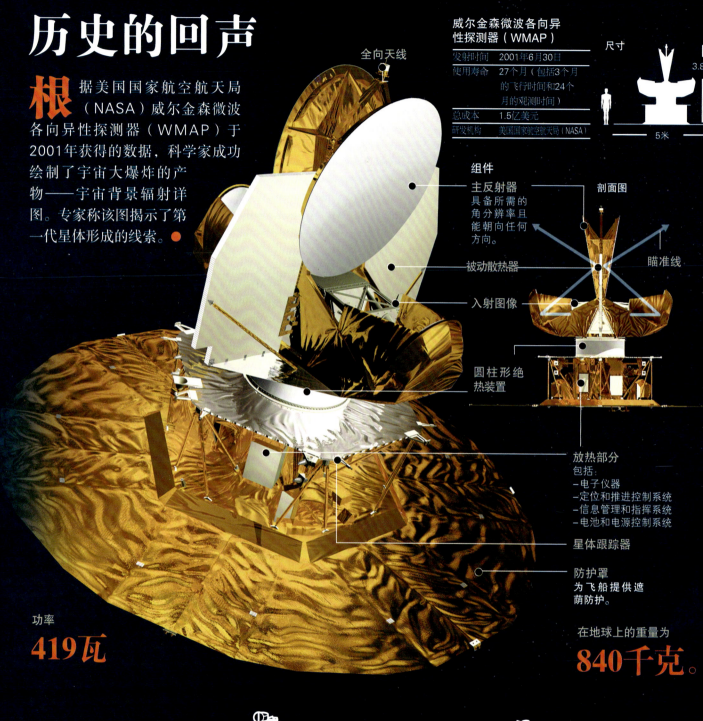

全向天线

| 威尔金森微波各向异性探测器（WMAP） | |
|---|---|
| 发射时间 | 2001年6月30日 |
| 使用寿命 | 27个月（包括3个月的飞行时间和24个月的观测时间） |
| 总成本 | 1.5亿美元 |
| 研发机构 | 美国国家航空航天局（NASA） |

尺寸
3.8米
5米

**组件**

主反射器
具备所需的角分辨率且能朝向任何方向。

剖面图

被动散热器

瞄准线

入射图像

圆柱形绝热装置

放热部分
包括：
– 电子仪器
– 定位和推进控制系统
– 信息管理和指挥系统
– 电池和电源控制系统

星体跟踪器

防护罩
为飞船提供遮荫防护。

功率
**419瓦**

在地球上的重量为
**840千克。**

**1973年**
"太空实验室"
发射第一个美国空间站"太空实验室"。

**1976年**
"海盗"号
美国卫星，用于拍摄火星表面照片。

**1977年**
"旅行者1号"和"旅行者2号"
分别于1979年和1980年飞经木星和土星。

**1981年**
航天飞机
"哥伦比亚"号航天飞机执行了首次载人飞行任务。

**1986年**
"和平"号
苏联"和平"号空间站的第一部分被成功送入轨道。

**1989年**
"宇宙背景探测者"（COBE）
获取了关于世界宇宙论的第一批探测结果。

## 观测

为了进行宇宙观测，威尔金森微波各向异性探测器（WMAP）被置于距离地球150万千米的拉格朗日L2点上不受地球影响的稳定轨道中。遮阳板能够为背向太阳的仪器提供保护。威尔金森微波各向异性探测器（WMAP）分几个阶段进行宇宙观测，并测量宇宙不同区域的温差。它每6个月就对整个天空完全探测一次，从而使对比不同的探测图以检查数据的一致性成为可能。

## 180天（6个月）

绘制了整个天空的探测图。此程序重复了4次。

每6个月对整个天空进行一次观测的目的，是对比两年间收集的数据的重复部分，然后测试探测图的一致性。

## 探测图

威尔金森微波各向异性探测器（WMAP）提供的详图是其他探测器所无法比拟的。在详细的探测图中，不同的颜色代表了不同区域宇宙背景辐射极其微细的温度差异。宇宙背景辐射是宇宙大爆炸的产物，发现于20世纪60年代，但直到最近才得以详细描述。威尔金森微波各向异性探测器（WMAP）的最新探测结果显示了极化的温度带。

### "宇宙背景探测者"（COBE）
——第一颗宇宙背景探测卫星
1989年发射的"宇宙背景探测者"（COBE）获取的探测结果为以后的探测奠定了基础。但由于分辨率较低，并未观察到太多细节。

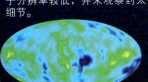

## 90天（3个月）

探测器每小时探测22.5°的区域，90天可以完成对半个天空的探测。

岁差：与太阳－威尔金森微波各向异性探测器（WMAP）线成22.5°角。

绕轴自转129秒

## 威尔金森微波各向异性探测器（WMAP）运行轨道
朝L2点飞行之前，探测器首先飞过月球，以获得飞向L2点更大的助推引力。

平面图

月球轨道
轨道相位
地球
太阳
与月球相遇
威尔金森微波各向异性探测器（WMAP）
1 500 000千米

地球

太阳

威尔金森微波各向异性探测器（WMAP）

地球轨道

## 第1天

由于威尔金森微波各向异性探测器（WMAP）可以同时从两个方向探测天空，每天可以观测到很大一部分天空。

威尔金森微波各向异性探测器（WMAP）每24小时观测天空的30%。

**最新成就**
在2006年3月31日拍摄的一张照片中，能清晰地看到宇宙不同区域的极化温度带。

威尔金森微波各向异性探测器（WMAP）测量的两点之间的温差

● 高于宇宙平均温度的区域

● 低于宇宙平均温度的区域

放大后的区域

整个天空的投影图

---

**1990年**
哈勃太空望远镜
最强大的望远镜之一被送入轨道。

**1997年**
"探路者"号
"探路者"号探测器拍摄了火星表面的照片。

**1998年**
国际空间站（ISS）
发射了国际空间站的第一个功能舱。

**2001年**
威尔金森微波各向异性探测器（WMAP）
用于获取宇宙最精确的数据。

**2004年**
"勇气"号
"勇气"号和"机遇"号双胞胎火星车抵达火星表面。

**2005年**
火星勘测轨道飞行器
于2005年发射，火星勘测轨道飞行器发现了火星上水存在的痕迹。

# 飞越太空

随着太空飞行器功能的完善，人类在太空探索中取得了许多成绩，例如在其他行星的起源和构造方面的新发现。

从1981年起，航天飞机在宇航中变得至关重要。航天飞机载人依然是个难题，许多问题有待解决。但从长远来

**航天飞机**
美国国家航空航天局（NASA）研发的这种宇宙飞船可以将卫星带入太空送入轨道，并可以重复使用。

看，太空无疑是人类的未来，我们只有循此征途而行。就如同我们的祖先为了生存和繁衍，从一个区域迁移到另一个区域一样，我们将离开地球，去太空寻找新的居住空间。●

# 挑战引力

**人**体天生适应在地球引力条件下活动。因此，如果引力增大或减小，人体就会感觉到明显的不适应，从而导致心跳减速、肌肉无力以及骨骼中的钙流失。工程师和医生们已经着手研究人类如何能在不造成身体萎缩的情况下长时间在低引力环境中生存，并且建立了轨道实验室，在地球上进行无重力实验。●

## 微重力

万有引力是指任意两个物体之间相互的吸引力。质量和距离是决定引力大小的两个主要因素。质量越大，引力越大；而距离越远，引力反而越小。事实上，在轨道上运行的宇宙飞船始终都受地球引力的影响，但飞船上的宇航员却感觉不到地球引力。这种接近失重的状态称为微重力环境。

### 作用力与反作用力

牛顿第三定律指出，当一个物体向另一个物体施加作用力，则第二个物体将会向第一个物体施加大小相等、方向相反的反作用力。

反作用力
20千克

作用力
20千克

### 双腿

在失重条件下，宇航员的双腿会因缺乏运动而变细，肌肉也会出现萎缩。

## 抛物线飞行

要创造微重力环境，C—135运输机需要以47°角爬高，达到一定高度后关闭发动机，然后沿抛物线轨迹自由降落。飞机自由降落这段时间，机内即处于失重状态，机舱内的设备和人员都会飘浮起来。美国国家航空航天局（NASA）、欧洲航天局（ESA）和俄罗斯航天局（RKA）都进行过此类飞行试验。

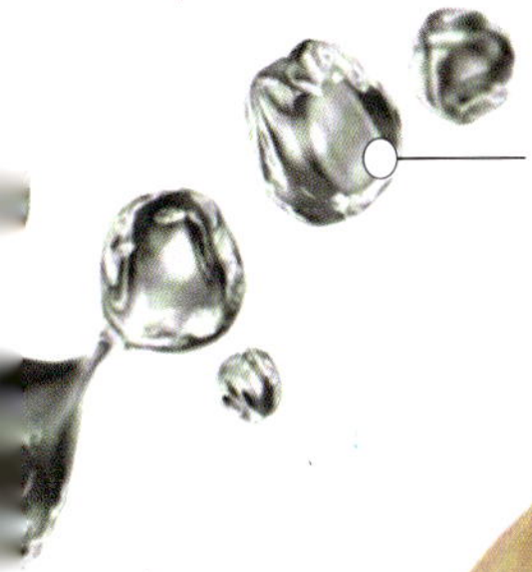

**0重力**

**8 500米**
发动机关闭

发动机再次启动

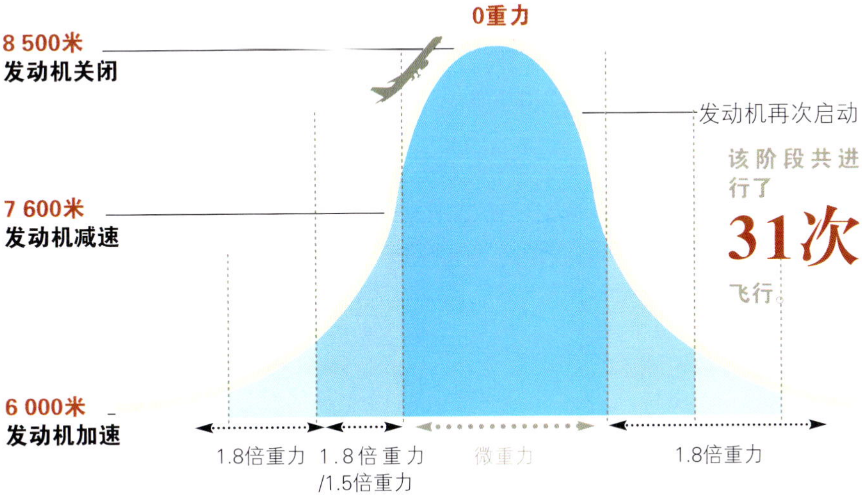

该阶段共进行了
**31次**
飞行

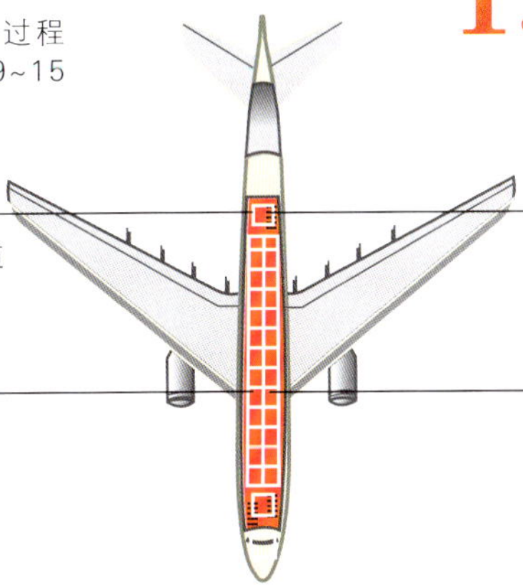

**7 600米**
发动机减速

**6 000米**
发动机加速

| 1.8倍重力 | 1.8倍重力 /1.5倍重力 | 微重力 | 1.8倍重力 |

**液体**
微重力条件下液体在空中扩散。

**机舱内部布局**
在抛物线飞行过程中，可以进行9~15项科学实验。

**15** 项实验

**第8项实验**
研究气味和味道

**第7项实验**
测试新型宇航员淋浴系统

**第15项实验**
研究铁磁流体

**自由降落实验区**

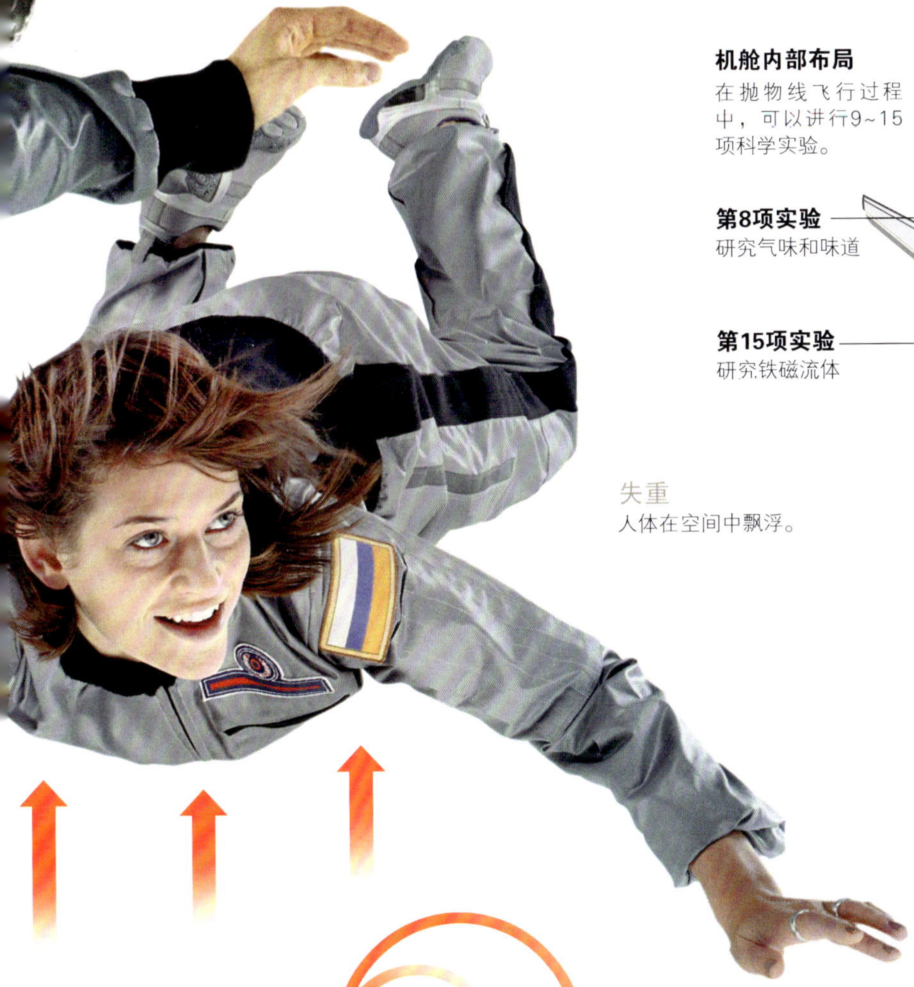

**失重**
人体在空间中飘浮。

## 水下——模拟失重状态的另一种方法

训练宇航员的另一种方法是利用巨大的游泳池创造一个模拟在微重力条件下工作的环境。美国约翰逊航天中心配备有一套水下模拟器。在这套模拟器中，即将被派去修复哈勃太空望远镜的任务小组模拟适应航天飞机内的工作条件。

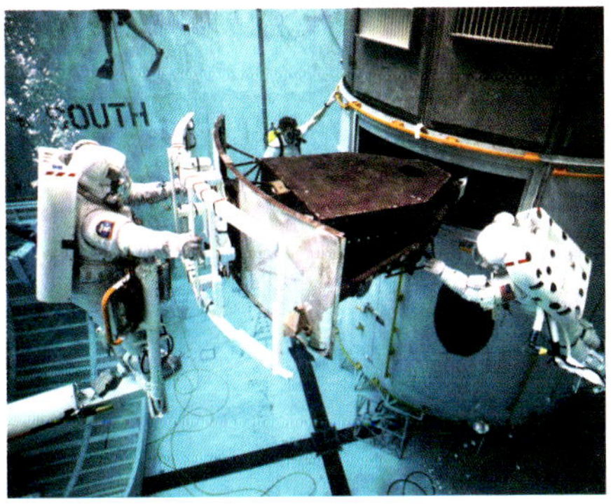

## 引力助力

某些宇宙飞船利用行星的引力作用，帮助自身加速，从而尽快到达目的地，如"卡西尼"号宇宙飞船。

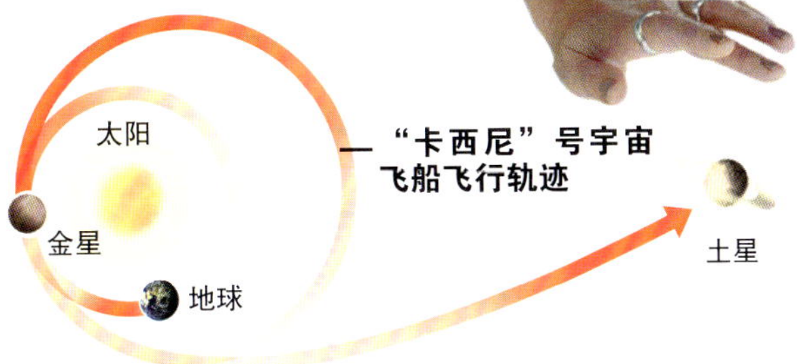

太阳

金星

地球

"卡西尼"号宇宙飞船飞行轨迹

土星

# 发射地点

**宇**宙飞船发射场的选择通常应考虑满足相关优化准则的要求。例如，靠近赤道的发射地点可以使宇宙飞船更容易进入轨道；一些沿海地区的发射地点更便于运输建造运载火箭所需材料。此外，还应考虑发射时可能发生的意外情况导致的不安全因素，因此，要选择人口密度低的地点作为发射场，如美国佛罗里达州的卡纳维拉尔角。●

## 运载火箭装配楼

宇航中心有一巨型装配楼，用于火箭和航天飞机外挂燃料箱的预置和装配。装配楼高160米，长218米，宽118米，规模相当宏大。使用履带式运输车才能将轨道飞行器从装配楼运至发射台。

**旋转服务结构**
高57.6米，能沿着半圆形轨迹绕航天飞机移动。

装配楼

履带式运输车

发射平台

## 固定服务结构

这个钢铁庞然大物位于发射台，包括固定结构和旋转结构。耸立在履带式运输车之上的移动发射平台将航天飞机运送至该地点。

**升降机**
宇航员抵达发射台后乘坐升降机到达无菌清洁室，然后进入航天飞机。

**旋转服务结构**
在向燃料箱中加入无污染燃料时起到保护航天飞机的作用。

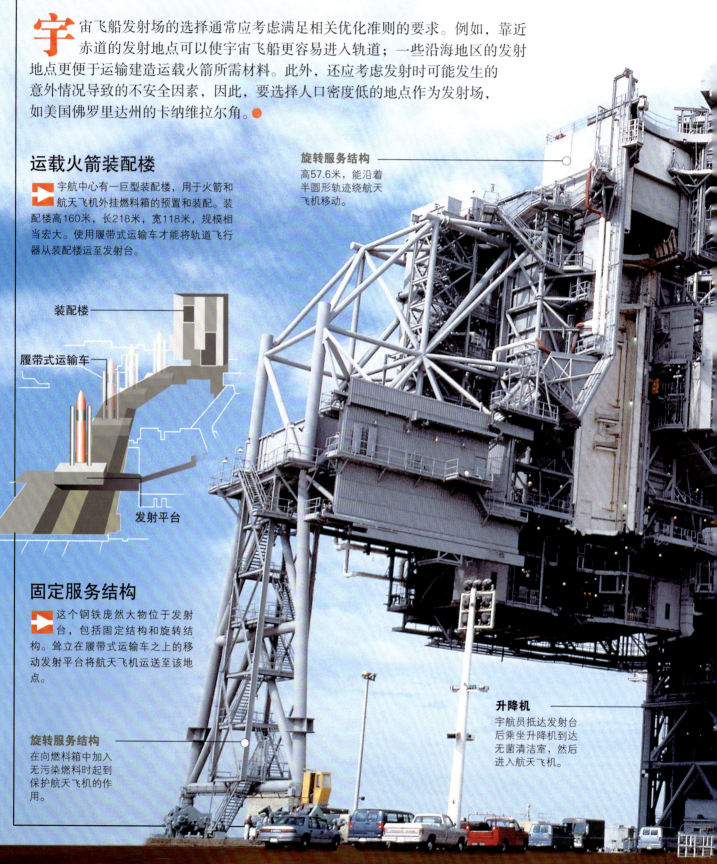

**避雷针**
保护工作人员、航天飞机以及发射平台的其他部件免遭雷击。位于固定服务结构上部，高106米。

**固定服务结构**
固定服务结构高75米，分为12层，有3个与航天飞机相连接的旋转臂。

**进入飞行器的旋转臂**

**推进火箭**

**无菌清洁室**
仅供宇航员使用。宇航员由此进入航天飞机。

USA

NASA Endeavour

**尾端支持柱**
支持柱连接平台和宇宙飞船，向外挂燃料箱供给氧气和氢气。

# 海上发射平台

由于地面发射平台造价过高，一些国家开发了海上发射平台。在海上选择一个位于赤道的发射地点更为简单和安全，赤道附近地球自转速度最大，因而更易于将飞行器送入轨道。

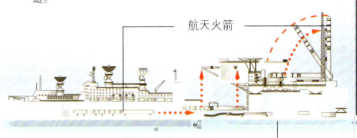

航天火箭

发射平台

**1** **装载**
航天火箭在长200米的装配船上组装。

**2** **运输**
将火箭运输至"奥德赛"号发射平台。

**2** **放置**
火箭在发射前安放在这里。装配在发射前离开发射点。

### 其他发射基地
选择靠近赤道的位置作为航天站的原因在于，赤道附近的地球自转速度最大，在这里发射的飞行器可以利用地球自转速度的帮助到达轨道。

### 几个主要发射基地的首次发射情况

**普列谢茨克发射基地**
（1966年）

**肯尼迪发射基地**
（1967年）

赤道 • • • • • • • • • • • • • • • • • • • • • • • • • • • • •

**库鲁发射基地**
（1970年）

**圣马科发射基地**
（1967年）

40米

**履带式运输车**
轨道飞行器跨坐在运输车的两条轨道上被运至发射台。运输车的激光引导系统可以精确地控制运输车以3.2千米/小时的速度移动。

# 火箭

## 升空前

二十世纪上半叶才开始研发火箭。火箭用于将物体发射至太空。火箭产生足够的推力从而与其载荷一起脱离地球引力，并在短时间内到达进入环绕地球的太空轨道所需的速度。平均计算，全世界每局至少有一枚火箭发射升空。

| "阿丽亚娜5号" 运载火箭 | |
|---|---|
| 首次飞行时间 | 1999年10月11日 |
| 直径 | 5米 |
| 总高度 | 51米 |
| 助推火箭重量 | 各27.7吨（装满燃料） |
| 地球同步有效载荷 | 6 800千克 |
| 研发机构 | 欧洲航天局（ESA） |

波音客机

航天飞机

"阿丽亚娜5号" 运载火箭

# 746 000千克。

"阿丽亚娜5号" 运载火箭的重量为

**热绝缘体**
为防止燃料燃烧产生的高温烧坏燃烧室，火箭燃料被喷射至燃烧室四壁，从而冷却发动机。

**液态氧箱**
容量为130 000千克。

**锥形整流罩**
用来保护载荷。

**上部载荷**
最多可运载两颗卫星。

**下部载荷**
最多可运载两颗卫星。

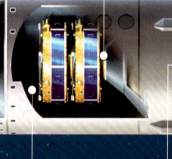

**组件**

— 有效载荷系统
— 导航系统
— 推进系统

**上部发动机**
以精确的角度和速度发射卫星。

## 发动机操作步骤

火箭起飞前点燃发动机。只有主发动机成功点燃才能进一步点燃助推器。火箭起飞2分钟后助推器燃料将完全燃尽，然后与主体火箭分离。主发动机耗尽其燃料后将与其运载的飞行器分离。

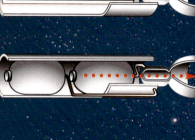

根据所使用的燃料类型，下列火箭归为化学动力（燃料）火箭。在液体燃料火箭内，氢气和氧气储存在不同的燃料箱内。在固体燃料火箭中，氢气和氧气混合储存在同一个气缸内。

**图例**
喷射气体
混合燃料
固体燃料
液态燃料

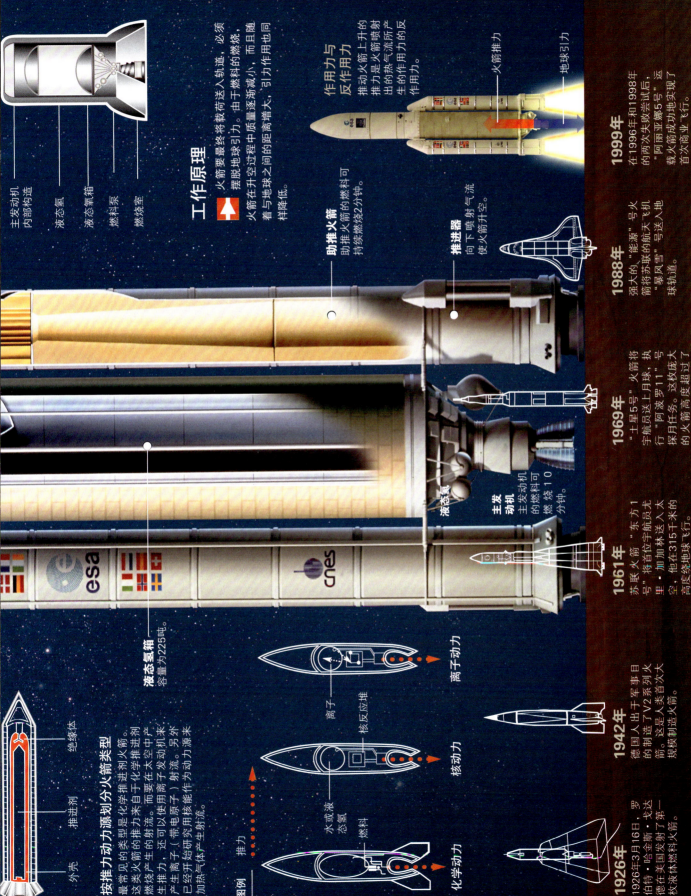

主发动机内部构造

液态氢

液态氧箱

燃料泵

燃烧室

## 工作原理

火箭要最终载荷送入轨道，必须摆脱地球引力。由于燃料的燃烧，火箭在上升过程中质量逐渐减小，而且随着目地距离之间距离增大，引力作用也同样降低。

### 作用力与反作用力

推动火箭上升的推力是火箭喷射出的热气流所产生的作用力的反作用力。

火箭推力

地球引力

### 助推火箭

助推火箭的燃料可持续燃烧之分钟。

### 推进器

向下喷射气流使火箭升空。

液态氢箱
容量为225吨。

### 主发动机

主发动机的燃料可燃烧10分钟。

液态氧

## 按推力动力源划分火箭类型

最常见的类型是化学推进剂火箭。这类火箭推力来自于化学推进剂燃烧产生的射流。而要在太空中产生推力，还可以使用离子发动机来产生离子（带电原子）射流。另外，已经开始研究用核能作为动力源来加热气体以产生动力射流。

外壳

推进剂

绝缘体

图例

推力

化学动力

核动力

离子动力

水或液态氢

燃料

离子

核反应堆

离子

**1999年**
在1996年和1998年的两次大失败尝试后，"阿丽亚娜5号"运载火箭成功实现了首次商业飞行。

**1988年**
强大的"能源"号火箭将苏联的航天飞机"暴风雪"号送入地球轨道。

**1969年**
"土星5号"火箭将宇航员送上月球，执行"阿波罗11"号探月任务。这枚庞大的火箭高端高度超过了100米。

**1961年**
苏联"东方1号"运载火箭将宇航员尤里·加加林送入太空。这是人类首次进入太空。他在315千米的高度绕地球飞行。

**1942年**
德国人出于军事目的制造了V2系列火箭。这是人类首次大规模制造火箭。

**1926年**
1926年3月16日，罗伯特·哈金斯·戈达德在美国制造了第一校液体燃料火箭。

# 发射过程

人类首次太空飞行距今将近50年。但发射卫星进入轨道、发送探测器探访其他行星以及运送宇航员进入太空等活动已经日趋平常，这也给有发射能力的国家带来商机。发射准备工作的第一步是组装火箭，接下来是火箭运送到发射平台上。火箭发动机点火后火箭升入大气层，穿越大气层后需要很多推力了，因此火箭通常由两级或多级火箭组成，而助推火箭则一般用来产生更大的初始推力。

## 驶向太空

### 飞行原理

燃料燃烧产生的热气向各个方向产生推力。
当热气流从喷嘴喷出时，即可产生一种反推力。

燃料箱

气流方向

喷嘴

### 定向飞行

火箭的导航计算机利用激光陀螺仪获取的数据控制喷嘴的倾角，从而引导火箭沿预定的轨道方向飞行。

激光陀螺仪

电信号

计算机

平衡环

喷嘴倾角

### 多级火箭

"阿丽亚娜5号"运载火箭由第一级火箭、上部第二级火箭和两个助推火箭组成。第一级助推火箭在发射时点火。

运载有效载荷的上部二级火箭在穿越大气层到达太空时点火。

第一级火箭使用液态氢和液态氧作为燃料。

助推火箭使用固体燃料。

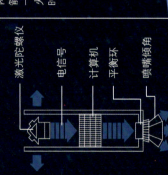

## 最后发射阶段

唯一没有在发射台点火的上部二级火箭此时开始工作。它用来将有效载荷送入预定轨道。上部二级火箭在关闭后可以重新点火，共计可以燃烧19分钟。

00:10:00

发射倒计时结束后点火的第一级火箭，在液态氢和液态氧燃料耗尽后，脱离并返回地面。

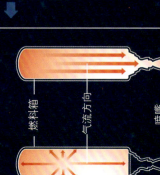

### 整流罩

当大气密度降低到不会对有效载荷产生的温度不会威胁的时候，整流罩将自动脱离。

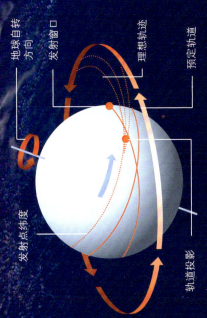

地球自转方向

发射窗口

理想轨迹

预定轨道

发射点纬度

轨道投影

## 发射窗口

火箭必须在预定时间发射，而预定时间取决于火箭发射的目的。如果目的是将卫星送入轨道，则其发射纬度要与预定轨道的轨迹一致。如果发射目的是与太空中的另一飞行器对接，那么火箭的发射窗口开放时间很可能只有几分钟。

## 对比

66米

60米

56米

51米

45米

30米

15米

**"阿丽亚娜5号"**
发射重量：746吨
首次发射时间：1999年
最大有效载荷：6.8~16吨，具体取决于预定轨道。

**"三角洲4号" M+型**
发射重量：300吨
首次发射时间：2002年
最大有效载荷：5.5~11.7吨，具体取决于预定轨道。

**航天飞机**
发射重量：2 000吨
首次发射时间：1981年
最大有效载荷：25吨，低地球轨道。

## 火箭发射倒计时

"阿丽亚娜5号"运载火箭发射倒计时长达6个小时。倒计时的7秒钟后两级火箭先后点火。

**-06:00:00** 最后时刻，"阿丽亚娜5号"运载火箭液态燃料发动机首先点火。在助推火箭点火前，可以关闭第一级火箭发动机，从而中止发射。

**-04:30:00** 发射倒计时开始。

**-01:00:00** 开始填充燃料箱。

**-00:06:30** 进行火箭发动机壳体补强。

**-00:05:00** 自动发射程序开始。

**00:00:00** 第一级火箭发动机点火。

**00:00:07** 固体燃料助推火箭点火，3秒钟后火箭起飞。

**分离** 爆炸螺栓将第一级火箭和第二级火箭相脱离。

**00:02:10** 固体燃料助推火箭在6C 000米高空脱离后坠落至安全海域。

**长111米** 的"土星5号"是历史上最大的运载火箭。20世纪60年代末到70年代初，"土星5号"用来将宇航员送至月球。当它发射时，150千米外都能听到那巨大的声响。

**固体燃料助推火箭** "阿丽亚娜5号"发射初始推力的90%都来自固体燃料助推火箭。固体燃料助推火箭长31米，装载238 000千克燃料。燃料耗尽后，助推火箭与第二级火箭脱离，此时距发射时间已过130秒。

# 航天飞机

与传统运载火箭不同，由美国研制的航天飞机可以重复使用，用来将卫星送入太空或低地球轨道，还可以往返国际空间站。美国航天飞机机队共拥有"发现"号、"亚特兰蒂斯"号和"奋进"号三架航天飞机。"挑战者"号和"哥伦比亚"号航天飞机分别于1986年和2003年爆炸坠毁。●

**卫星**
位于载荷舱，需使用机械手搬移。

**"发现"号航天飞机技术数据**

| 首次发射 | 1981年4月12日至14日 |
| --- | --- |
| 任务期限 | 5~20天 |
| 宽度 | 24米 |
| 长度 | 37米 |
| 研发机构 | 美国航空航天局（NASA） |

在地球上的重量为

## 11 600千克。

 波音客机
 普通飞机
 航天飞机
37米

外挂燃料箱
太空轨道飞行器
辅助火箭

## 机舱

机舱是机组人员活动的空间，分为两层，上层为驾驶员和副驾驶员的驾驶室（最多还可以乘坐两名宇航员），下层为日常生活间。机舱内可居住空间总计70立方米。

**控制器**
"发现"号航天飞机驾驶舱内共有2 000多个控制器，是"阿波罗"号飞船的3倍。

指挥控制台

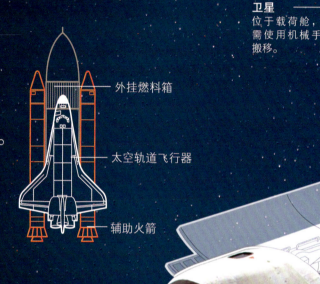

**陶瓷材料**
构成航天飞机的隔热外层。

黏性陶瓷纤维
防护层
玻璃罩
硅陶瓷瓦

指挥控制台
控制舱
驾驶员座椅
指令长座椅

## 主发动机

航天飞机共有3台主发动机，均由外挂燃料箱提供液态氢和液态氧作为燃料。每台发动机都配有通过计算机操作的控制器，通过调整以获得合适的推力和燃料混合比例。

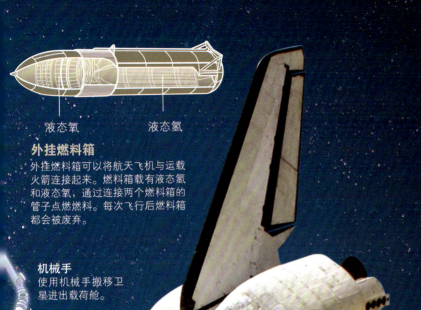

**液态氧　　液态氢**

### 外挂燃料箱

外挂燃料箱可以将航天飞机与运载火箭连接起来。燃料箱载有液态氢和液态氧，通过连接两个燃料箱的管子点燃燃料。每次飞行后燃料箱都会被废弃。

### 机械手

使用机械手搬移卫星进出载荷舱。

### 太空轨道飞行器

**United States**

主发动机

液态氢的循环通道

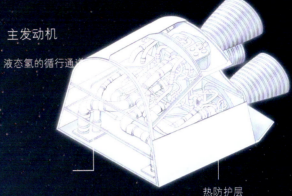

热防护层

### 轨道发动机

轨道发动机位于航天飞机机身外部，在太空中为航天飞机提供进入轨道以及改变轨道所需推力。

### 机翼

航天飞机的机翼在太空中并不发挥作用，而是用于在地球上的着陆。

### 舱门

舱门在飞机进入低地球轨道后打开。舱门的隔热板可以防止机身过热。

## 热防护

当航天飞机从地球轨道再次进入大气层时，摩擦产生的热量使得机身表面温度高达300℃~1 500℃，机翼内侧和机头温度最高，因此需要为航天飞机的各个部位覆盖上热防护层以防止机体熔化。

### 固体燃料火箭

固体燃料火箭可以执行约20次飞行任务。每次飞行后，从坠落海域将其打捞上来并重新修复，准备下次使用。

这种火箭可以将航天飞机送至44千米的高空，而在发射平台上时它们足以支撑整架航天飞机的重量。

**图例**

- 硅陶瓷：648~1 260℃
- □ 陶瓷纤维：低于370℃
- 金属或玻璃，无热防护能力
- 硅陶瓷：370~648℃
- 碳材料：高于1 260℃

**点火部位　　固体燃料　　推力喷嘴**

## 轨道数据

| 轨道高度 | 310~530千米 |
|---|---|
| 轨道周期 | 97分钟 |
| 平均轨道速度 | 27 800千米/小时 |

前视图

后视图

**轨道机动系统**

**00:02:00**
在44千米高度，固体燃料助推火箭脱离。

**助推火箭**
脱离后坠落至地球表面。之后将被回收修复。

**升空阶段**
航天飞机在升空阶段将旋转120°，以倒置的姿态飞行。在进入轨道前，飞机以及舱内机组人员都保持这种姿态。

**1**

**00:00:00**
**起飞**
两枚固体燃料火箭和3台主发动机开始工作，共计消耗900吨燃料后，将航天飞机送至44千米高空。此时固体燃料已消耗殆尽。

**备有3个降落伞的隔舱**
用于火箭脱离。

**载荷舱**
运载即将被送入轨道的装置。

**2 200吨**
这是航天飞机起飞时的重量。

**助推火箭**
提供起飞所需的初始推力。

**外挂燃料箱**
装载起飞所需的燃料。

**航天飞机**
运载宇航员和载荷进入轨道。

**00:08:00**

外挂燃料箱脱离

**轨道机动控制系统**
将航天飞机送入正确的轨道。根据飞行任务的不同，航天飞机最高可飞至1 100千米的高度。

**2**

**5-30天**

**太空中的轨道**
一旦达到飞行任务所需高度后，航天飞机在太空轨道中停留10~16天，然后开始返回地球。

**外挂燃料箱**
燃料箱装载的燃料可供航天飞机发动机使用，直至航天飞机进入太空轨道。燃料燃尽后外挂燃料箱立刻脱离，在坠落过程中因大气摩擦而燃烧殆尽。

航天飞机可以达到的飞行速度为

**28 000千米/小时。**

**3**

**再入大气层**
由于周围的空气温度过高，航天飞机进入大气层时将经历短暂的通讯中断。

## 回收系统

航天飞机起飞两分钟后，助推火箭燃料燃尽。脱离后的助推火箭随降落伞一起坠落海面。随后，打捞船将其回收并进行修复。

**4**

**着陆**
航天飞机拥有一套自动降落系统，在着陆前两分钟自动启动。航天飞机的降落跑道长5千米。

**最高温度**

**1 500℃**

助推火箭

20°

着陆角度

**"S"形的旋转**
航天飞机作"S"形的旋转飞行，以降低飞行速度。

# 远离家园

**离**开地球在太空空间站生活，或搭乘航天飞机旅行都是极具诱惑的冒险经历。在沿太空轨道运行的飞行器中生活需要作很多的调整，才能适应这种没有水、气压或氧气的环境。在机组舱内，空气需要加压，水由氢气和氧气通过电化合反应生成，食物要被特殊包装，而垃圾需要研磨成粉。●

## 机组舱

 机组舱位于航天飞机前部。上层是控制台，下层包括居住和生活隔舱，以及出入机组舱的舱门。

机组舱 ——————

宿舍 ——————

浴室 ——————

柜橱 ——————

舱门 ——————

## 人体疾病

 人体早已适应在地球引力环境下生活，而宇航员在太空中由于失重作用，飘浮在宇宙飞船中。因此，太空生活会对人体造成负面影响，如骨钙流失和肌肉萎缩。很多情况下，在狭小的空间里生活还会造成心理问题。此外，太阳风暴辐射也会对人体造成严重的影响。

幻觉和晕眩感

呼吸系统

### 骨骼中的钙流失
在微重力环境下，骨组织不仅无法再生，而且会被其他组织吸收。骨骼中的钙流失，会造成人体其他部位钙含量过高（例如肾结石）。

循环系统

肌肉系统

病态的骨骼          健康的骨骼

系带 ——————
用于固定身体，
防止其飘浮。

**1**

### 睡眠

**每天一次**

在宇宙飞船沿轨道运行的过程中，太阳每一个半小时升落一次，但宇航员仍需尽量保证每天8小时的睡眠时间。宇航员在睡眠时，必须将身体固定住，防止其到处飘浮。

在太空轨道中一天的长度为

## 90分钟。

睡袋

**2**

### 太空厕所

由于在太空无法冲水，因此太空厕所使用的是真空抽吸系统。宇航员可以在太空舱洗澡，但无法换洗衣物。

耳机
通讯工具。

**3**

### 一日三餐

宇航员每天都要吃早中晚三餐。进食时需要极为小心地将食物送入口中。宇航员每天必须喝足够多的水以防止身体脱水。

服装
日常穿着舒适的服装。

**4**

### 工作

**每天工作8小时**

宇航员在周六工作4小时，周日休息，周一到周五为正常工作日。工作任务一般包括科学实验以及对设备进行日常维护。

**5**

### 锻炼

**每天2小时**

为保持身体健康，宇航员每天都要进行身体锻炼。由于失重会造成肌肉萎缩，因此宇航员要进行肌肉拉伸训练。

航天服

增强肌肉张力的锻炼器材。

**72**
种不同的食物

**20**
种不同的饮料

# 职业：宇航员

**如**何才能成为一名宇航员？太空任务复杂而危险，宇航员在执行太空任务前，需要经过非常严格的测试，深入系统地学习数学、气象学、天文学和物理学，并熟练掌握计算机和宇航技术。此外，宇航员还要接受体能训练，以适应低重力环境并能够进行空间检修。●

## 载人机动装置

整个训练艰难而又辛苦。宇航员每天都要在飞行模拟装置中进行训练。

**计算机**
取景器

数字摄像机

图像控制器

**飞行模拟装置**
指令发射器

供氧

生命维持系统

生命维持背负装置

宇航员

**计算机**
便携式通讯工具。

**氧气**
供给的氧气从航天服的该部位进入。

**1965年**
宇航员爱德华·怀特在"双子星"号太空舱附近进行太空行走时所穿的航天服。

**1969年**
尼尔·阿姆斯特朗在月球表面进行首次登月行走时所穿的航天服。

**1984年**
布鲁斯·麦克坎德雷斯在进行首次无拖缆太空行走时所穿的航天服。

**1994年**
更为先进且可重复使用的航天服。

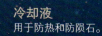

**冷却液**
用于防热和防陨石。

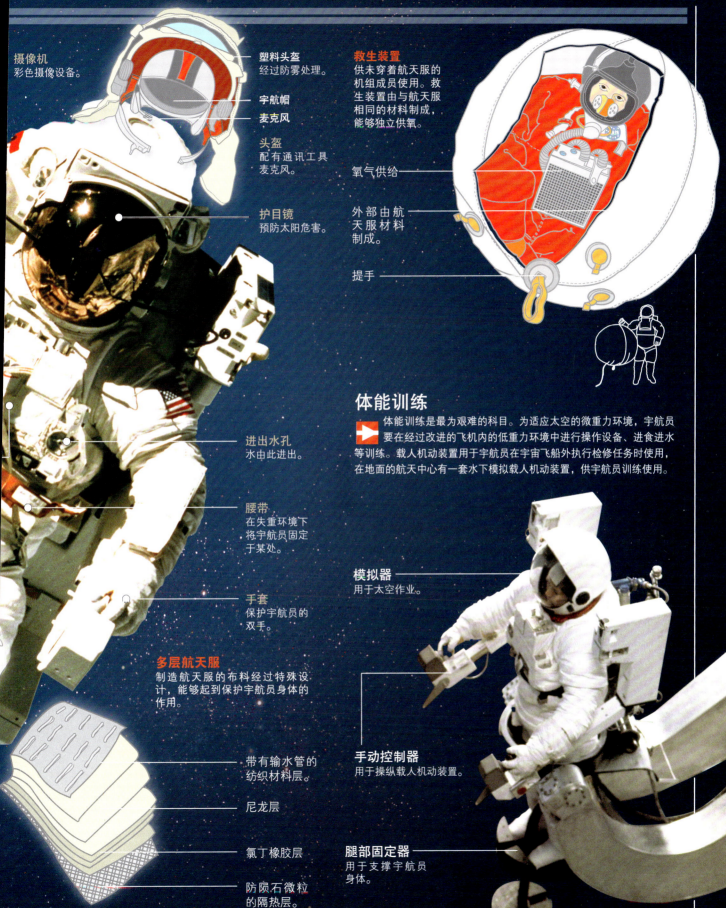

摄像机
彩色摄像设备。

**塑料头盔**
经过防雾处理。

**宇航帽**
**麦克风**

**头盔**
配有通讯工具
麦克风。

**护目镜**
预防太阳危害。

**救生装置**
供未穿着航天服的
机组成员使用。救
生装置由与航天服
相同的材料制成，
能够独立供氧。

氧气供给

外部由航
天服材料
制成。

提手

进出水孔
水由此进出。

腰带
在失重环境下
将宇航员固定
于某处。

手套
保护宇航员的
双手。

**多层航天服**
制造航天服的布料经过特殊设
计，能够起到保护宇航员身体的
作用。

带有输水管的
纺织材料层。

尼龙层

氯丁橡胶层

防陨石微粒
的隔热层。

## 体能训练

体能训练是最为艰难的科目。为适应太空的微重力环境，宇航员
要在经过改进的飞机内的低重力环境中进行操作设备、进食进水
等训练。载人机动装置用于宇航员在宇宙飞船外执行检修任务时使用，
在地面的航天中心有一套水下模拟载人机动装置，供宇航员训练使用。

模拟器
用于太空作业。

手动控制器
用于操纵载人机动装置。

腿部固定器
用于支撑宇航员
身体。

# 地面控制

**地**面控制中心可以对宇航员的活动进行监测。美国国家航空航天局（NASA）通过坐落于休斯顿的约翰逊航天中心的航天任务控制中心对载人航天活动进行监控。位于洛杉矶的喷气推进实验室则负责管理无人航天任务。应用遥测技术，飞行操纵人员可以获得实时的技术数据，只需坐在计算机控制台前就能执行任务。●

## 休斯顿航天中心平面图

▶ 1964年的"双子星4号"飞行任务中首次启用了这座航天中心。操作控制室有一个大厅，大厅中有两台大型显示屏，一台显示地球跟踪站的位置，另一台显示轨道中的卫星的运行轨迹。航天器的所有部分都由计算机控制。

**1号显示屏**
记录卫星及沿轨道飞行的其他物体的位置。

展览馆

服务区域

FLIGHT DIRECTOR

气象中心

服务区域　　可视化大厅　　航天模拟馆

操作辅助室

**第三排**
飞行指导
第三排负责飞船起飞倒计时和制定飞行计划。

**第四排**
指挥部
第四排就座的是最高指挥，负责飞行控制的协调工作。

## 控制台

▶ 操作控制室有上百个控制台，这些控制台均由多个可容纳一台以上监视器的桌子组成，这些桌子均配有抽屉与柜子，以保证足够的工作区域。

**1年 365天**
每天都要进行太空监护。

**折叠桌**
用于放置物品和书籍。

**监视器**
用来显示来自宇宙飞船和其他系统的数据。

**保护罩**
用来防止控制系统受到损坏。

**后拉式抽屉**
用于存放资料和文件。

## 大屏幕

▶ 位于控制中心的巨大屏幕能显示飞行中的宇宙飞船的位置、轨道轨迹以及其他数据。这台大屏幕至关重要，飞船操作人员通过它能够快速读取信息，以便及时采取措施和防止事故发生。

2号显示屏
显示轨道中的航天器的位置和运行轨迹。

### 全天
## 24小时

这是执行任务期间地面控制中心的操作时间。

### 第一排
起飞监管人员同时还控制飞行轨迹，调整航天器的航线。

### 第二排
医疗部门
第二组人员负责监测宇航员的健康情况，并与机组人员建立通讯联系。

## 航天飞机控制中心

▶ 航天飞机控制中心比休斯顿航天任务控制中心的规模小。每天大约有12名飞行控制人员在此工作，有飞行任务时，可能会增加至20人。每位工作人员职责不同，第一排是最低一级管理人员，第四排是最高层管理人员。

**控制室**
控制室的巨型显示屏用于对飞行进行监测。

**访客区**
在控制室后部设有74个座位。

**1** 航天器通讯人员
保持与宇航员的通讯联系。

**2** 飞行医师
监测机组人员健康状况。

**3** 飞行指挥员
协助飞行任务控制指挥员。

**4** 飞行任务指挥员
飞行控制的主要负责人。

# 太空探索永无止境

太 空探索使科学观念更为普及，大大地激发了人们的创造力和好奇心，并有助于新一代科学家的培养。火星或许因为距离地球较近和其较为适宜的表面条件，常被列为太空探索的目标。美国国家航空航天局（NASA）向火

"勇气"号探测器是研究火星土壤的机器人探测器。图为伸出太阳能板的"勇气"号。

星发送了"勇气"号和"机遇"号两台机器人探测器。它们传回的数据非常让人兴奋，探测到了火星的远古环境曾经有水的地质证据，这意味着火星上可能曾经存在生命。●

# 卫星轨道

**可**供通讯卫星使用的轨道空间并非是无限的，相反，这样的空间相当有限，而过多的卫星会造成轨道空间的饱和。众多的电视卫星以及其他通讯卫星已经使得地球同步轨道空间的有利位置达到饱和。卫星的轨道位置当然不能随意选定，即使只是1°~2°的位置偏差，都有可能会造成两颗相邻卫星发生信号干扰。国际电信联盟是负责管理卫星轨道位置的机构。地球同步卫星的优点是其相对于地球表面某点的位置固定不变。与地球同步卫星所不同的是，低轨道或中轨道卫星需要一系列地面站来维持一个完整的通讯链。●

## 不同类型的卫星轨道

卫星传输的信号质量取决于卫星与地球的相对位置。地球同步轨道是目前最为常用的卫星轨道。4颗地球同步轨道卫星的信号就足以覆盖全球，而低地球轨道卫星需构成星座状的卫星群网络才能实现全球信号覆盖。中地球轨道卫星的运行轨道一般呈椭圆形。地球同步卫星的轨道呈圆形，且如果其轨道位于赤道上方，将始终保持与地球相对位置不变。

### 低地球轨道

低地球轨道距离地球的高度约200~3 000千米。由于地球同步轨道饱和，低地球轨道已被用作电话通讯卫星的运行轨道。低地球轨道呈圆形，且与其他轨道相比只需要较低的信号传输功率。然而，低地球轨道卫星需要地面站对卫星进行信号跟踪。

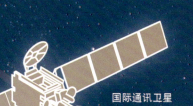

国际通讯卫星

36 000千米

极轨道

### 地球同步轨道

地球同步轨道是最常见的卫星轨道，尤其是电视卫星的常用轨道。位于地球同步轨道的卫星绕地球一圈的时间是23小时56分钟。由于其绕地球运行时间与地球自转时间相等，地球同步卫星与地球的相对位置保持不变。在地球同步轨道的卫星距离地面的高度约为36 000千米。

赤道轨道

#### 椭圆形轨道

**远地点**
轨道距离地球最远的点。

**近地点**
轨道距离地球最近的点。

#### 圆形轨道

轨道任意一点与地球距离相等。

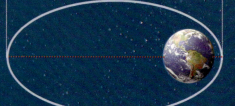

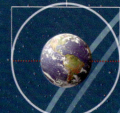

| 轨道 | 低地球轨道 | 中地球轨道 | 地球同步轨道 |
|---|---|---|---|
| 距地面高度 | 200~3 000千米 | 3 000~36 000千米 | 36 000千米 |
| 卫星造价 | 低 | 中 | 高 |
| 网络类型 | 复杂 | 适中 | 简单 |
| 卫星寿命 | 3~7年 | 10~15年 | 10~15年 |
| 信号覆盖 | 短 | 中等 | 连续 |

**频段**

不同功能的卫星，传输信息的频率也不相同。

**L频段**

可用于全球定位系统、手机通讯和数字无线电通讯，频率范围为1.5~2.7千兆赫兹。L频段的数据传输能力最低。

**K频段**

用于传输电视和无线电信号，频率范围为12~18千兆赫兹。

**KA频段**

可用于太空设备和局部多点传输，频率范围为18~31千兆赫兹。KA频段拥有最强的数据传输能力。

低地球轨道

中地球轨道

地球同步轨道

全球定位系统

轨道倾角55°

SPOT卫星
（地球观测实验卫星）

地轴23°

**中地球轨道**

处于中地球轨道的卫星距离地球的高度为33 000~36 000千米，轨道一般呈椭圆形。与低地球轨道卫星相比，将中地球轨道卫星送入轨道需要耗费更多的能量，因此这类卫星系统的发射成本也相应更高。

格洛纳斯系统
（全球导航卫星系统）

832千米

铱星卫星

哈勃太空望远镜

19 000千米

轨道倾角64.8°

"伽利略"号卫星

赤道轨道

轨道倾角60°

**A** 范阿伦内辐射带
范阿伦内辐射带在距地面3 000千米处粒子密度最大。

**B** 范阿伦外辐射带
主要在距地面15 000~20 000千米的区域。

**36 000千米**

在该高度轨道上的卫星与地面相对位置保持固定不变。

**范阿伦带**

范阿伦带是指带电粒子密度高、质子和电子作螺旋运动的地球磁层。这个高密度带电粒子带分为范阿伦内辐射带和外辐射带两部分。

# 前沿技术

19 99年7月，钱德拉X射线天文望远镜被成功送入轨道。至今，它已经为我们提供了大量的有关宇宙及其现象的重要信息。钱德拉X射线天文望远镜的X射线观测的角分辨率为0.5角秒，是第一台轨道X射线天文望远镜——爱因斯坦天文望远镜的1,000倍。高超的角分辨率使得钱德拉X射线天文望远镜能够探测到20倍以上的漫射光源。负责钱德拉X射线天文望远镜建造的小组在制造过程中开发利用了多种全新的技术。●

## 数据传输

卫星系统为钱德拉X射线天文望远镜提供了所需结构和设备以及操作所需的科学仪器。这颗天文卫星借助推进系统逐步进入其远离地球的椭圆形终极轨道，利用专用的散热器和恒温器系统来控制各个组件的临界温度。X射线反射镜附近的温度必须要控制在适当范围内以确保镜片能够聚焦。钱德拉天文望远镜所需的电能来自于太阳能电池板，储存在3块电池内。

## 数据成像

钱德拉X射线天文望远镜获取的数据将被转化为二维坐标表格和图像以供阅读。

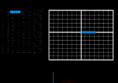

**1** 表格
表格中包含了钱德拉X射线天文望远镜的观测时间、位置和收集的能量数据。

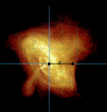 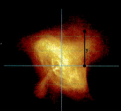

**2** X轴
网格中的数据沿X轴横向延伸。

**3** Y轴
网格中的数据沿Y轴纵向延伸。

望远镜观察窗口

**1. 观测**
钱德拉X射线天文望远镜的可伸缩镜头拍摄到的X射线图像将发送至深空网络进行处理。

照相机

高分辨率反射

X射线

四谱系双曲面

太阳能板

**4. 钱德拉X射线望远镜控制中心**
负责天文望远镜的操作和接收影像资料。控制中心的操作人员负责设定卫星指令，确定卫星高度，并监测卫星的状态和安全。

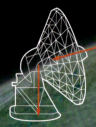

**3. 喷气推进实验室**
接收并处理来自深空网的数据。

## 钱德拉X射线天文望远镜

| 发射时间 | 1999年7月23日 |
|---|---|
| 使用寿命 | 设计使用寿命为5年 |
| 电子能量范围 | 0.1~10千电子伏 |
| 造价 | 15亿美元 |
| 发射机构 | 美国国家航空航天局（NASA） |

10米

航天器模块

**25 000千克**

这是钱德拉X射线天文望远镜在地球上的重量。

太阳能板

传输光栅

### 深空网络

深空网络是美国国家航空航天局（NASA）组建的无线电天线网络，它能够为地球周边轨道的星际飞行任务及无线电天文观测提供支持。深空网络目前共有三处通讯设施，每处设施包括至少四个装备大型抛物面天线和超灵敏接收器的信号基站。

科学仪器模块

光储存体

高分辨率摄像头

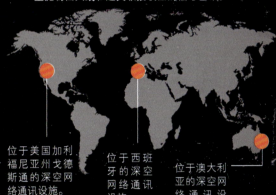

位于美国加利福尼亚州戈德斯通的深空网络通讯设施。

位于西班牙的深空网络通讯设施。

位于澳大利亚的深空网络通讯设施。

低增益天线

### 天线

每处深空网络通讯设施拥有一套由四个以上的天线基站构成的系统。

**直径26米的Ω天线**

直径34米的Ω高增益天线

**直径34米的Ω低增益天线**

**直径70米的Ω天线**

信号传输距离

天线仰角调整器
导波器

配重砝码

电子装置

反射镜

底座

**2.** **深空网络**
用于保持与飞行器的通讯以及接收数据。

钱德拉X射线天文望远镜

**每8小时**

与深空网络通讯一次。

**5年**

该任务原计划持续5年，后被延长。

# 太空探测器

**从** 20世纪60年代中期发射的第一艘"水手"号宇宙飞船，到2005年发射的用于火星近距离研究的火星勘测轨道飞行器，太空探测器已经为人类的太空探索事业作出了巨大的贡献。大多数太空探测器以太阳能作为动力，体积如汽车般大小，并借助火箭的推力进入预定轨道位置。这些装有摄像机、传感器、光谱仪及其他精密仪器的无人装置能够借此对行星、卫星、彗星和小行星进行深入的研究。

## 火星勘测轨道飞行器

火星勘测轨道飞行器的主要任务是寻找火星上有水存在的痕迹。该轨道飞行器于2005年8月12日由美国国家航空航天局（NASA）发射，在7个月内飞行了1.16亿千米后，于2006年3月10日抵达火星。火星勘测轨道飞行器计划于2010年完成任务，如果状态良好的话，其使用寿命还可以再延长5年。

接近火星

**C** 最终轨道
火星勘测轨道飞行器最终进入了一条近圆形轨道，该轨道有利于数据的获取。

轨道

火星

**B** 制动
接下来的6个月中，火星勘测轨道飞行器利用大气制动逐渐缩短运行轨道。此阶段绕轨道飞行500圈。

**A** 初始轨道
火星勘测轨道飞行器的第一条飞行轨道呈巨大的椭圆形，轨道周期为35小时。

— 火星轨道

地球轨道 —

太阳

地球

火星

**1** 发射
于2005年8月2日于卡纳维拉尔角发射场发射升空。

**2** 巡航飞行
火星勘测轨道飞行器飞行了7个半月后抵达火星。

**3** 飞行轨迹调整
火星勘测轨道飞行器经历了4次轨迹调整才进入正确的轨道。

**4** 抵达火星
2006年3月，火星勘测轨道飞行器飞越火星南半球上空后开始减速。

**4** 科学勘测阶段
火星勘测轨道飞行器开始对火星表面进行分析，并发现了水存在的痕迹。

火星勘测轨道飞行器从地球到火星的飞行距离为

**1.16亿千米。**

### 技术参数

| | |
|---|---|
| 装满燃料后的重量 | 2180千克 |
| 太阳能板的温度额定值 | 可低至-200℃ |
| 运载火箭 | "擎天神5号"—401运载火箭 |
| 任务期限 | 5年（可能会延长） |
| 造价 | 7.2亿美元 |

在地球上的重量为

**1031千克。**

火星轨道勘测飞行器

"火星环球探勘者"号

"奥德赛"号

### 预期数据传输量

| | |
|---|---|
| "深空1号"（彗星） | 15千兆字节 |
| "奥德赛"号（火星） | 1012千兆字节 |
| "火星环球探勘者"号（火星） | 1 759千兆字节 |
| "卡西尼"号（土星） | 2 550千兆字节 |
| "麦哲伦"号（金星） | 3 740千兆字节 |
| 火星勘测轨道飞行器（火星） | 34 816千兆字节 |

# 火星活动

 火星勘测轨道飞行器 的首要任务是在火星表面寻找有水存在的痕迹，这将有助于解释火星的进化历程。火星勘测轨道飞行器获取了火星表面的高分辨率图像并实现了对矿物的分析。此外还记录了火星每日的天气情况。

**太阳能板**
火星勘测轨道飞行器使用的能源主要为太阳能，它有两块总表面积达40平方米的太阳能板。

也可以自左向右转动。

使用过程中，太阳能板沿此轴转动。

在轨道飞行过程中展开太阳能板。

开始工作的太阳能板逐渐向上展开。

## 3 744
每块太阳能板上有多达3 744个光电电池，用来将太阳能转化为电能。

接近闭合状态的太阳能板。

使用过程中，太阳能板沿此轴转动。

**高增益抛物面天线**
拥有比以往轨道勘测飞行器高10倍的数据传输能力。

**太阳能板**

**太阳能板**

2.53米

5.35米

## 功能强大的仪器
火星勘测轨道飞行器使用的高分辨率成像科学设备、背景摄像机以及火星专用小型侦察影像频谱仪能够获取火星特定区域的有效信息。

## 高分辨率成像科学设备
分辨率成像科学设备能够获得较小物体的清晰影像以及地质构造等详细信息，并能较以往探测任务明显改善获取资料的清晰度。

高分辨率成像设备
火星勘测轨道飞行器 "火星环球探勘者" 号

30厘米/像素

150厘米/像素

高分辨率成像设备

火星专用小型侦察影像频谱仪

背景摄像机

**火星气候探测器**
用于探测火星大气层。

**火星彩色成像机**
能够提供火星表面的彩色图像。

**火星专用小型侦察影像频谱仪**
这是一台红外线/可见光频谱仪，可以将可见光从影像红外区分离，并呈现为100种不同类的矿物，尤其是能够证明有水的存在的矿物。

**背景摄像机**
能够获取较大区域的全景图，为由高分辨率成像设备和火星专用小型侦察影像频谱仪拍摄的高分辨率影像提供背景图。

此图为由背景摄像机拍摄的影像，该影像能够为高分辨率成像科学设备拍摄的影像提供背景参照。

高分辨率成像设备拍摄的细节图。

# 火星漫游车

**双**胞胎火星车"勇气"号和"机遇"号于2003年6月从地球发射，2004年1月抵达火星。它们是美国国家航空航天局（NASA）"火星探测漫游者"计划的一部分，其任务是对火星进行实地考察。这两辆火星车装备的工具可以钻取岩石、采集土壤样本以分析其化学成分。"勇气"号和"机遇"号分别着陆于火星上两个相反方向的位置，并对这两个截然不同的区域进行探测。每辆火星车上装有9台摄像机。●

## 火星上的水和生命

美国国家航空航天局（NASA）的这次火星任务的主要目的是寻找火星上是否曾有水存在的证据。"勇气"号执行首次任务时，人们认为可能有少量的水渗入了被侵蚀的岩石碎块的缝隙中，并且相信火星的石质土壤可能曾受过水的作用的影响。到目前为止，尚未发现有微生物存活的痕迹。在紫外线辐射和氧化性土壤的双重作用下，火星现在有生命存在的可能性为零。然而，有待解决的疑问是，火星在过去的某一时间是否可能曾有生命存在，或者在相对较适合生命生存的火星深处，现在是否还有生命存在。

### 技术参数

| | |
|---|---|
| 在火星着陆时间 | "勇气"号：2004年1月3日<br>"机遇"号：2004年1月24日 |
| 任务成本 | 8.2亿美元 |
| 每日前进距离 | 100米 |
| 钚 | 每辆火星车载有2.8克 |
| 使用寿命 | 2年以上 |

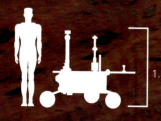

1.50米

在地球上的重量为

**174千克**。

## 着陆火星全过程

火星车从地球到火星飞行历时7个月。进入火星大气层后，打开降落伞以减缓降落速度。

减速伞

**1** 减速
减速伞在距火星表面130千米的高度打开，速度从16 000千米/小时降至1 600千米/小时。

降落伞

**2** 降落伞
在距火星表面10千米的高度打开降落伞，以减缓降落速度。

**3** 降落
火星着陆舱与防止其受高温损坏的保护壳脱离。

火星着陆舱

**4** 火箭
两枚火箭在距火星表面10~15米的处点火，以减缓降落速度。安全囊随之展开，以围护着陆舱。

减速火箭

**5** 气囊
火星着陆舱以及气囊与降落伞分离后降落在火星表面。

高强力聚芳酯纤维气囊

**6** 抵达目的地
气囊放气后，保护火星车的"花瓣"形保护罩开启，火星车缓缓开出保护罩。

**7** 仪器设备
火星车展开其太阳能板、摄像机和天线杆。

火星车保护罩由三瓣保护壳和一个中心底座组成。

高强力聚芳酯纤维气囊

"勇气"号拍摄的火星表面的照片。

**70 000张**

"勇气"号在火星的前两年共拍摄了70 000张照片。

"机遇"号拍摄的照片。

**80 000张**

"机遇"号在火星的前两年拍摄的照片。

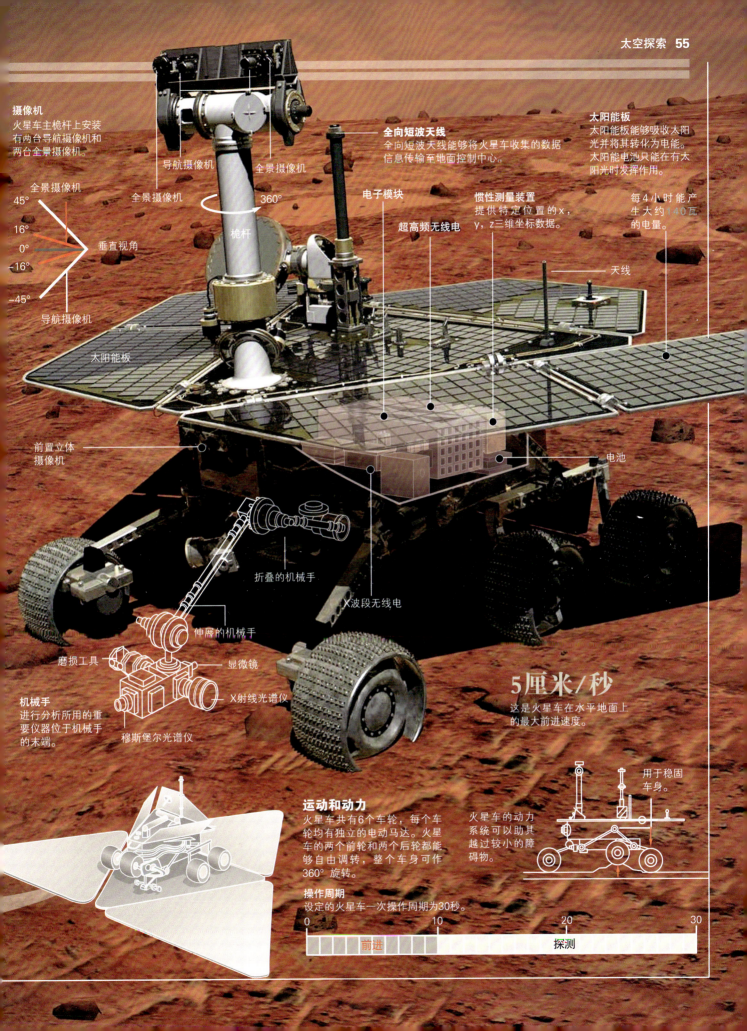

**摄像机**
火星车主桅杆上安装有两台导航摄像机和两台全景摄像机。

导航摄像机

全景摄像机

全景摄像机 360°

桅杆

全景摄像机
45°
16°
0°
-16°
-45°

垂直视角

导航摄像机

太阳能板

前置立体摄像机

**机械手**
进行分析所用的重要仪器位于机械手的末端。

折叠的机械手

伸展的机械手

磨损工具

显微镜

X射线光谱仪

穆斯堡尔光谱仪

电子模块

超高频无线电

X波段无线电

**全向短波天线**
全向短波天线能够将火星车收集的数据信息传输至地面控制中心。

**惯性测量装置**
提供特定位置的x，y，z三维坐标数据。

**太阳能板**
太阳能板能够吸收太阳光并将其转化为电能。太阳能电池只能在有太阳光时发挥作用。

每4小时能产生大约140瓦的电量。

天线

电池

**5厘米/秒**
这是火星车在水平地面上的最大前进速度。

用于稳固车身。

**运动和动力**
火星车共有6个车轮，每个车轮均有独立的电动马达。火星车的两个前轮和两个后轮都能够自由调转，整个车身可作360°旋转。

火星车的动力系统可以助其越过较小的障碍物。

**操作周期**
设定的火星车一次操作周期为30秒。

0        10        20        30

前进        探测

# 在太空安家

**如**果要长期在太空中生活，首先必须创造一个能够解决太空缺氧问题的生存环境。空间站的空气系统能够向站内人员供给氧气并过滤排出的二氧化碳。在空间站的生活可以让天文学家研究在太空长期停留产生的影响，空间站内也具备相关的科学实验室。●

**自动货运飞船（ATV）**

**国际空间站（ISS）**

**补给与废物**
俄罗斯自动货运飞船与国际空间站对接，卸载补给品并带走空间站产生的废弃物。

## 太空巨人

国际空间站（ISS）是由美国国家航空航天局（NASA）"自由"号空间计划和俄罗斯航天局（RKA）"和平2号"计划合并而成的产物。国际空间站始建于1998年，本页的大幅插图展示的是其在2010年落成后的样子。多个国家都为国际空间站提供了各种各样的功能模块。国际空间站的可居住空间面积相当于两架波音747客机。

**轨道**
国际空间站每天绕地球飞行16圈，飞行高度为335~460千米。

**"星辰"号服务舱**
"星辰"号服务舱是由俄罗斯提供的主要功能模块，也是国际空间站第一个可居住太空舱，可以容纳3~6名宇航员。

### 国际空间站（ISS）

| 可居住空间 | 1200立方米 |
|---|---|
| 飞行速度 | 27 700千米/小时 |
| 长 | 108米 |
| 太阳能板表面积 | 4 000平方米 |
| 实验室数量 | 6个 |

### 国际空间站的建造国家

| 美国 | 俄罗斯 | 日本 | 欧盟各国 |
|---|---|---|---|

**"星辰"号服务舱**

在地球上的重量为
**215 000千克。**

108米

88米

天空实验室

"和平"号

国际空间站（ISS）

橱柜

床位

淋浴

厨房及医疗室

为便于辨别方位，地板和房顶使用了不同的颜色。

可伸展的太阳能板。

在地球上的重量为
**19 051千克。**

指挥通讯区

连接不同模块的节点舱

## 建造阶段

**1998年11月**
**"曙光"号功能货舱**
"曙光"号功能货舱是进入轨道的第一个空间站模块，为国际空间站组装的第一阶段提供了所需能源。

**1998年12月**
**"团结"号节点舱**
"团结"号节点舱由欧盟提供，是连接生活舱和工作舱之间的通道。

**2000年7月**
**"星辰"号服务舱**
"星辰"号服务舱由俄罗斯建造并送入轨道，是国际空间站的结构和功能中心。

**2000年10月**
Z1构架结构和Ku波段天线可以用来中和国际空间站产生的静电，并与地面取得通讯联系。

**2000年11月**
**P6构架结构**
P6构架结构所带的散热装置可以驱散空间站产生的热量。

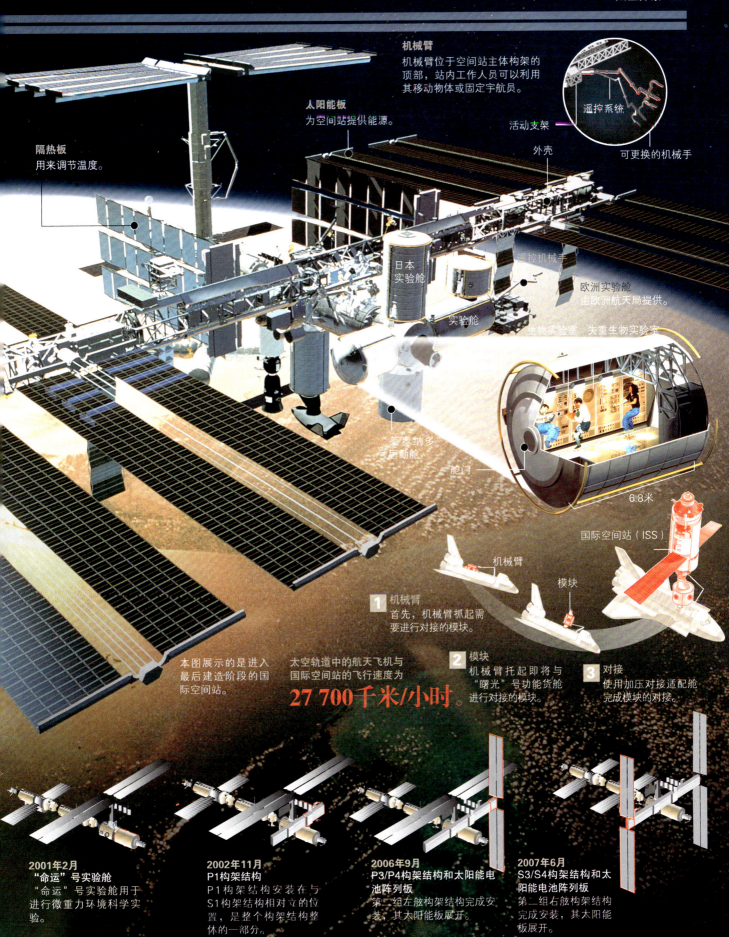

**机械臂**
机械臂位于空间站主体构架的顶部，站内工作人员可以利用其移动物体或固定宇航员。

遥控系统

活动支架 —

可更换的机械手

**太阳能板**
为空间站提供能源。

外壳

**隔热板**
用来调节温度。

遥控机械手

**欧洲实验舱**
由欧洲航天局提供。

日本实验舱

生物实验室　失重生物实验室

实验舱

"莱奥纳多"
号后勤舱

舱门 —

6.8米

国际空间站（ISS）

机械臂

模块

**1** 机械臂
首先，机械臂抓起需要进行对接的模块。

**2** 模块
机械臂托起即将与"曙光"号功能货舱进行对接的模块。

**3** 对接
使用加压对接适配舱完成模块的对接。

本图展示的是进入最后建造阶段的国际空间站。

太空轨道中的航天飞机与国际空间站的飞行速度为

**27 700千米/小时**。

**2001年2月**
**"命运"号实验舱**
"命运"号实验舱用于进行微重力环境科学实验。

**2002年11月**
**P1构架结构**
P1构架结构安装在与S1构架结构相对立的位置，是整个构架结构整体的一部分。

**2006年9月**
**P3/P4构架结构和太阳能电池阵列板**
第二组左舷构架结构完成安装，其太阳能板展开。

**2007年6月**
**S3/S4构架结构和太阳能电池阵列板**
第二组右舷构架结构完成安装，其太阳能板展开。

# 宇宙观测

**太**空天文望远镜是一类用来观测不同宇宙区域的轨道人造卫星，如哈勃太空望远镜。与地面上的天文望远镜不同，太空天文望远镜位于地球大气层之外，可以免受大气湍流对望远镜成像清晰度造成的影响。此外，地球大气层也会妨碍对某些波长（尤其是红外波段）范围内的星体和其他物体的观测，这将直接减少我们能够观测到的天体数量。而且，和靠近城市地区的天文观测台不同，太空天文望远镜不会受到光污染的影响。●

## 哈勃太空望远镜

哈勃天文望远镜是一颗其设备朝向外太空的人造天文望远镜卫星，1990年4月25日由美国国家航空航天局（NASA）和欧洲航天局（ESA）共同发射。位于不同控制中心的天文学家能够对哈勃太空望远镜进行远程控制，通过计算机调整望远镜的指向方向，并能够使用光敏探测仪和摄像机对宇宙进行所需的观测。哈勃太空望远镜经常能拍摄到非常壮观的宇宙景象。1993年，由于主镜出现故障，科学家们为哈勃太空望远镜安装了一套太空望远镜光轴补偿校正光学设备（COSTAR），对望远镜的焦距进行了校正。

**快门**
在观测期间快门处于开启状态，光可以自由进入。

**副镜**
副镜位于望远镜镜筒内。光线通过副镜反射至照相机。

### 技术参数

| | |
|---|---|
| 发射时间 | 1990年4月25日 |
| 轨道高度 | 600千米 |
| 轨道周期 | 97分钟 |
| 望远镜类型 | 里奇－克雷季昂反折反射镜 |
| 发射机构 | 美国国家航空航天局（NASA）和欧洲航天局（ESA） |
| 使用寿命 | 20年（到2010年） |
| 发射成本 | 20亿美元 |
| 主镜口径 | 2.40米 |

14米 · 4.26米

在地球上的重量
**11 000千克**

### 获取影像的过程

哈勃太空望远镜利用一系列镜片组接收被观测天体的反射光，并使之聚焦成像。

**图例**
→ 光的方向

**外保护层**
外保护层可以防止望远镜受到外部损坏。在执行维修任务时，宇航员会对外保护层进行检查，寻找需要清除的微粒和碎片等。

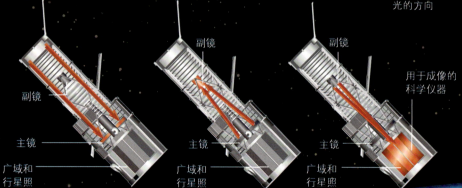

副镜

主镜

广域和行星照相机

副镜

主镜

广域和行星照相机

副镜

用于成像的科学仪器

主镜

广域和行星照相机

太阳能板

**1** 光的进入
光通过光圈进入镜筒后经过主镜折射，聚集到副镜上。

**2** 光的反射
经主镜折射后聚集到副镜的光线，经过副镜反射后又返回至主镜。

**3** 成像
副镜反射回来的光线通过主镜后方的开孔后在仪器上聚焦成像。

## 影像的传输过程

**1** 哈勃太空望远镜

哈勃太空望远镜在根据地面指令完成观测后，将影像或其他观测数据发送至跟踪与数据传输中继卫星。

**2** 跟踪与数据传输中继卫星

跟踪与数据传输中继卫星在接收哈勃太空望远镜传送的数据后，将其发送至位于美国新墨西哥州白沙测试研究场的接收天线装置。

**3** 地面

最后，将数据从新墨西哥州发送至位于马里兰州格林贝尔特的戈达德航天飞行中心，在此对数据进行分析。

### 照片拍摄

哈勃太空望远镜能够拍摄多种类型的天体，如银河系、星系群、即将发生爆炸的星体（如船底座伊塔星）以及行星星云（如"猫眼"星云）等。

船底座伊塔星

超新星

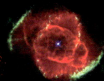
"猫眼"星云

由于哈勃太空望远镜位于大气层外，因此与地面望远镜相比，它所拍摄的照片更加清晰。

## 其他太空望远镜

史匹哲太空望远镜于2003年8月发射，其被设计用于拍摄超远距离天体，计划于2008年停止工作。由美国国家航空航天局（NASA）和欧洲航天局（ESA）共同研发的太阳与太阳风层探测器（SOHO）能够详细展示太阳和地球间的相互作用。钱德拉X射线太空望远镜于1999年发射，它所装备的仪器能够获取宇宙X射线源的数据信息。

**高增益天线**
用来接收来自地面的指令，将哈勃太空望远镜拍摄的照片以电视信号的形式发送回地面。

**太阳能板**
太阳能板可以将太阳光能转化为望远镜所需的电能。

**太空望远镜光轴补偿校正光学设备**
太空望远镜光轴补偿校正光学设备（COSTAR）是用于校正哈勃太空望远镜主镜片球面像差的光学校正装置。该设备于1993年由宇航员搭乘宇宙飞船完成安装。

**史匹哲太空望远镜**
观测红外波段的宇宙天体。

**太阳与太阳风层探测器（SOHO）**
于1995年被送入轨道，用于拍摄太阳的照片。

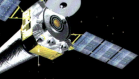

**钱德拉X射线太空望远镜**
唯一的X射线太空望远镜。

**广域/行星照相机**
安装在哈勃太空望远镜上的主要电子照相机。

**高级巡天相机**

# 太空垃圾

自从1957年发射第一颗人造卫星（苏联的"伴侣1号"）以来，地球轨道附近的太空已经逐渐被大量的碎片垃圾充塞。爆炸的人造卫星电池、火箭和航天器的零件等残留在轨道中的人造物体让太空成了一个名副其实的宇宙垃圾场。由于这些大小不同的物体以30 000~70 000千米/小时的高速飞行，一旦发生撞击，将会对卫星和航天器造成严重的破坏。●

## 太空垃圾

太空垃圾是指从地球发射的、已不具备任何用途，但仍在绕地轨道运行的各种人造物体，如停留在轨道中的不可回收式火箭、航天器或其他为避免进入错误的轨道而人为解体的其他设备的碎片。宇航员遗失在太空的物品也属于太空垃圾。1965年，宇航员爱德华·怀特遗失的一只手套以28 000千米/小时的速度绕地球飞行了1个月。

## 太空垃圾的体积

已记录在案的有11 000多件较大的和以百万计的微小的太空垃圾。

**小于1厘米**
小于1厘米的太空垃圾微粒会对航天器表面造成损伤。

**30 000 000+**

**1~10厘米**
1~10厘米的太空垃圾可以在人造卫星上砸出洞来。

**100 000+**

**大于10厘米**
大于10厘米的太空垃圾能够对航天器造成无法修复的破坏。此类太空垃圾已记录在案并从地面上进行追踪。

**11 000+**

**各国发射到太空的物体**
自1957年至今，人类发射到近地球轨道的物体共计约25 000件。

## 12 000

目前尚在轨道中运行的人造物体约12 000件。

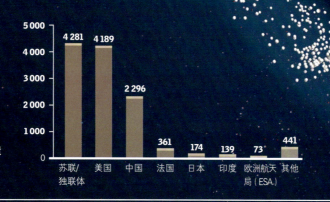

| | 苏联/独联体 | 美国 | 中国 | 法国 | 日本 | 印度 | 欧洲航天局（ESA） | 其他 |
|---|---|---|---|---|---|---|---|---|
| 数量 | 4 281 | 4 189 | 2 296 | 361 | 174 | 139 | 73 | 441 |

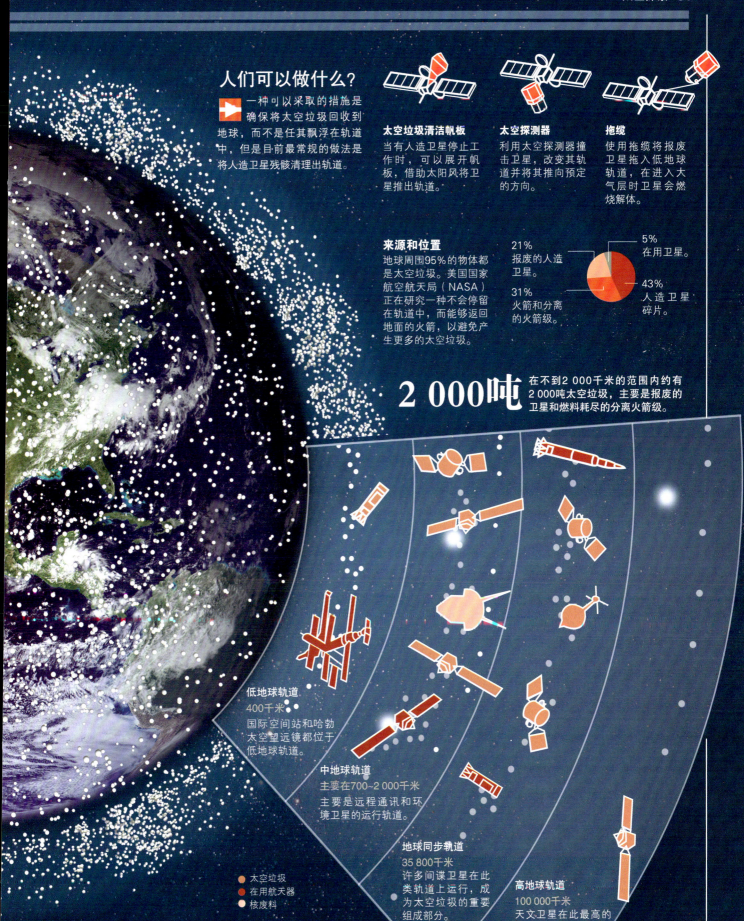

## 人们可以做什么？

一种叫以采取的措施是确保将太空垃圾回收到地球，而不是任其飘浮在轨道中，但是目前最常规的做法是将人造卫星残骸清理出轨道。

**太空垃圾清洁帆板**
当有人造卫星停止工作时，可以展开帆板，借助太阳风将卫星推出轨道。

**太空探测器**
利用太空探测器撞击卫星，改变其轨道并将其推向预定的方向。

**拖缆**
使用拖缆将报废卫星拖入低地球轨道，在进入大气层时卫星会燃烧解体。

**来源和位置**
地球周围95%的物体都是太空垃圾。美国国家航空航天局（NASA）正在研究一种不会停留在轨道中，而能够返回地面的火箭，以避免产生更多的太空垃圾。

21%
报废的人造卫星。

31%
火箭和分离的火箭级。

5%
在用卫星。

43%
人造卫星碎片。

**2 000吨**
在不到2 000千米的范围内约有2 000吨太空垃圾，主要是报废的卫星和燃料耗尽的分离火箭级。

**低地球轨道**
400千米
国际空间站和哈勃太空望远镜都位于低地球轨道。

**中地球轨道**
主要在700~2 000千米
主要是远程通讯和环境卫星的运行轨道。

**地球同步轨道**
35 800千米
许多间谍卫星在此类轨道上运行，成为太空垃圾的重要组成部分。

**高地球轨道**
100 000千米
天文卫星在此最高的轨道运行。

● 太空垃圾
● 在用航天器
● 核废料

# 探访其他星球

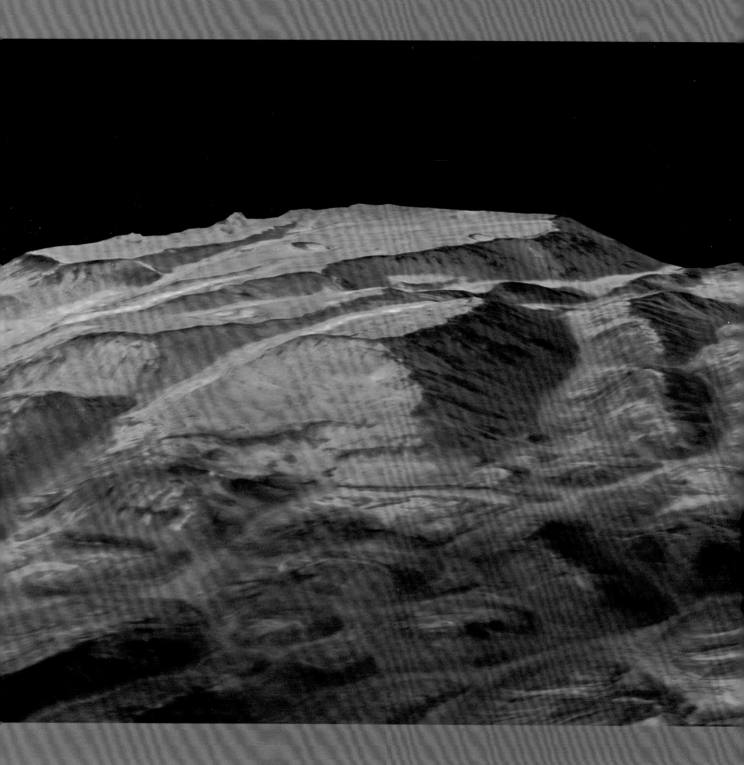

太空探索让人类有机会接触到遥不可及的天体，也让我们认识到地球也是宇宙中的一个天体，需要我们的保护。行星探测前景广阔，今后将会有更多有趣的发现。目前，宇宙飞船计划探测太阳系的火星、土星、木星、金

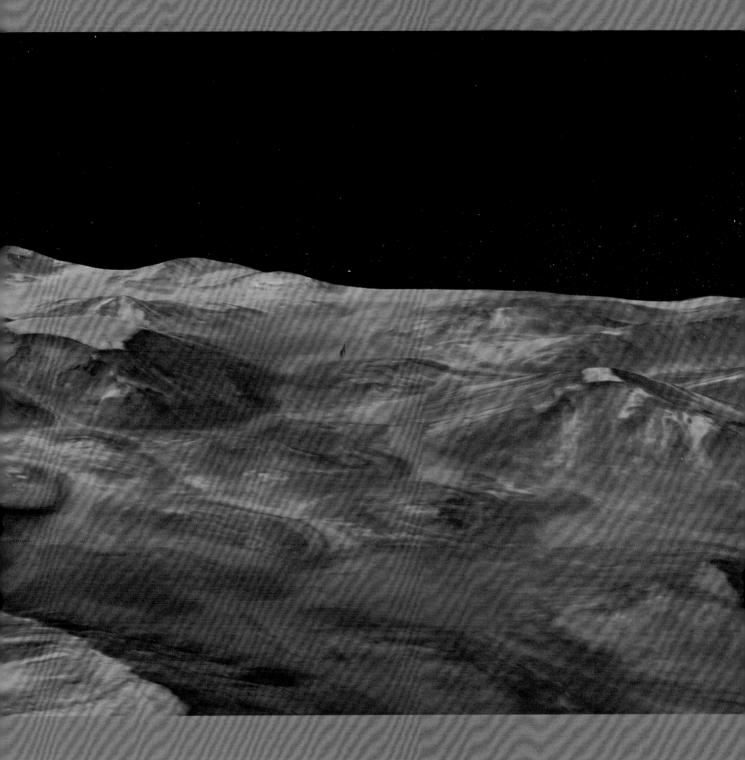

"水手号"峡谷
火星的大峡谷长约4 000千米，
深达10千米，是整个太阳系最
壮观的地质特征之一。

星，甚至冥王星等天体，许多计划已经进入实施阶段。一直以来，人类希望进行更大规模的太空探索，登上更远的星球。我们取得的每一次成功都会带来新的认知，将人类的太空探索事业向前推进一步。●

# 人类的追索

古代的天文学家曾观测到那些似乎在恒星间移动的微弱光点。这些发光体被称作行星。每颗行星以一位神的名字命名。而科学家们在16世纪和17世纪才意识到行星是围绕太阳运转的有形天体。但直到20世纪晚期，人类才能够利用先进技术直接探研究太阳系内的行星，并拍摄到这些行星壮观的近景照片。●

## 行星

从伽利略略用望远镜观测星空到建造载人空间站，迄今为止，人类对揭示行星奥秘的兴趣从未减弱。人类在对行星的研究领域取得的最突出的成就包括：详细研究了土星光环和火星两极的冰盖，探测各种彗星和小行星以及定点飞越大行星的主要卫星等。

## 木星

有些探测器曾飞经该行星并拍摄照片。"伽利略"号则在其轨道上运行了77年，对木星的较大卫星的研究进行了极其深入的研究。

## 5次

成功的任务

### 土星

"旅行者"号和"卡西尼—惠更斯"号探测器对土星光环进行了详细研究。

### 天王星

"旅行者2号"在1986年飞经天王星并拍摄了照片。

### 海王星

只有"旅行者2号"探测器飞越过海王星，并于1989年拍摄了海王星的照片。

### 冥王星

冥王星由于体积小，已不再列入太阳系的行星之列，从2006年起被定义为矮行星。

### 土卫六

"惠更斯"号探测器在土星最大的卫星——土卫六表面着陆。

放大后的图像

此处被认为是冻结火山。

卫星表面呈蓝色和绿色。

放大后的图像

大气层呈红色。

土卫六——土星卫星

欧洲航天局（ESA）拍摄了约

### 350张

土卫六大气和表面的照片。

## 太阳

大空实验室于1974年至1979年拍摄了150 000多张太阳的匰像。"尤里西斯"号太空探测器研究了太阳的两极和沿行任务，目前仍在执行任务。太阳与太阳风层探测器（SOHO）专门用于研究太阳内部构造以及太阳风粒子的源头。太阳与太阳风层探测器（SOHO）正发现了100颗彗星，其中数个撞毁于太阳。

### 火星表面

克里斯平原 "海盗2号"
乌托邦平原
伊希地平原 "勇气"号
"海盗1号"
"探路者"号 "机遇"号
奥林匹斯山 水手谷

图中所示为极具重大意义的火星探测任务登陆过的地方。

## 水星

"水手10号"探测了水星。"信使"号于2011年飞至水星进行探测。

**57%** "水手10号"可以拍摄的水星表面。

## 金星

最重要的金星探测任务："贝内拉"号（苏联航天计划）、"金星快车"号（欧洲航天局）和"麦哲伦"号（美国国家航空航天局）金星登陆任务。

## 地球

国际空间站（ISS）运载着宇航员绕地球飞行，执行各种实验任务。此外，"哈勃"等太空望远镜也绕地球进行轨道飞行。

## 月球

在美苏太空竞赛的历史背景下，苏联在20世纪50年末进行的太空计划掀起了登月计划的热潮。1963年美国总统约翰·F·肯尼迪宣布该计划在20世纪60年代末将人类送上月球。1969年"阿波罗11"号飞船在月球着陆，为接下来的载人航天任务开启了一系列新篇章。

## 火星——人类探测最多的行星

登陆火星曾是各国航天局的首要目标。专家们称这颗红色行星与地球最相似。共计进行了38次飞行任务，其中16次成功完成。

火星目前或曾经可能有生命存在。

### 地球的卫星

放大后的区域

**图例**

图中所示为极具重大意义的登陆任务

XX "阿波罗"号
XX "月球"号
XX "勘测者"号

**21次** 成功登月

### 从地球上看到的月球表面

危海
丰富海
静海
安宁海
酒海
云海
雨海
暴风洋

# 火星在望

**火**星，这颗离我们最近的行星，曾经被一度认为有生命体存在。也许正是由于这个原因，从20世纪60年代起，各种宇宙飞行器开始不断地探索火星，因此，除了地球之外，火星是人类了解最多的行星。1971年发射的"水手9号"探测器、1976年发射的"海盗1号"和"海盗2号"探测器发现火星上有山谷和巨大的火山。美国于2001年发射的"奥德赛"号火星探测器发现在火星地下深处有液态水存在。●

## "奥德赛"火星任务

根据电影《2001太空漫游》命名的"奥德赛"号火星探测器于2001年4月7日由美国国家航空航天局（NASA）从卡纳维拉尔角发射升空，并于同年10月进入火星轨道。"奥德赛"号火星探测器具备多项先进功能，如利用可见光和红外光谱技术拍摄图像、研究火星表面的化学成分，以及探测可能存在的热源等。这次任务的另一个目的是测定火星浅层地表中氢的含量，从而确定火星上是否有水存在。此外，"奥德赛"号火星探测器还担当地球和火星表面探测器之间的无线电信号中继器，协助其他火星任务。

铰接装置

**伽马射线光谱仪**
伽马射线光谱仪重30千克，功率30瓦特，用于测定20种化学元素在火星上的含量和分布。

热防护层

通道

支架

伽马射线传感器探头

### 发射
"三角洲2号"火箭运载"奥德赛"号火星探测器，于2001年4月7日发射。

### 飞抵火星
2001年10月24日"奥德赛"号火星探测器进入火星轨道，开始执行科学研究任务。

太阳

**地球**
探测器抵达时的位置。

**火星**
探测器发射时的位置。

"奥德赛"号火星探测器

地球

火星

### "奥德赛"号火星探测器目前的飞行位置
"奥德赛"号火星探测器正绕火星飞行，并发现火星上有冰存在，这可以作为供未来火星载人飞船任务使用的潜在水源。

### 2001年5月
"奥德赛"号火星探测器从300万千米以外的地方向地球发送回图像，以测试探测器照相机。

### 2001年6月
打开伽马射线光谱仪保护罩，传感器开始工作。

### 2001年7月
"奥德赛"号火星探测器启动辅助引擎，以调整其飞行轨迹。辅助引擎提供了持续23秒的推力。

### 2001年9月
"奥德赛"号火星探测器开始利用与火星大气层大气的摩擦进行减速，调整其轨道后开始执行任务。

## 技术参数

| | |
|---|---|
| 发射时间 | 2001年4月7日 |
| 进入火星轨道时间 | 2001年10月24日 |
| 任务成本 | 3.32亿美元 |
| 重量 | 725千克 |
| 使用寿命 | 10年 |

2.2米

2.6米

### 从火星上看地球

 从火星上看，地球是一颗巨大的蓝色星球，还可以看到地球和月球的相对运动以及两颗星球不同的叠合状态景象。这张照片于2006年4月由"奥德赛"号火星探测器拍摄。探测器的红外监视系统可以探测地球的温度，此后地球上的传感器确认了其测定数据。

**蓝色行星**
"奥德赛"号火星探测器从火星拍摄的地球影像。

### 探测发现

"奥德赛"号火星探测器的最新观测资料表明，火星北极比南极的地下冰层厚约1/3。科学家还认为，除了地球，其他行星上也可能有微生物生长。

**火星环境辐射探测器**
是测量火星辐射环境的仪器。火星环境辐射探测器重3千克，功率7瓦特，用于测定太阳辐射或其他进入火星轨道的恒星和天体的辐射。

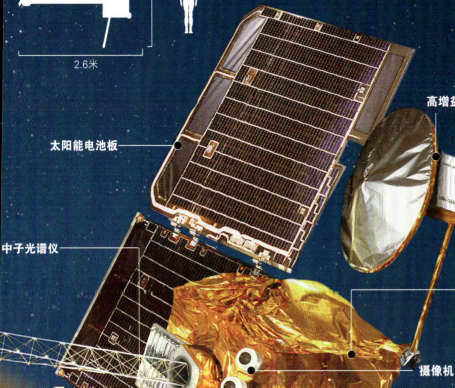

太阳能电池板

高增益天线

中子光谱仪

摄像机

中子探测仪

超高频天线

**7** 个月
"奥德赛"号火星探测器用了7个月到达着陆地点。

**火星表面**
与地球不同，火星表面平坦，遍布玄武岩沙丘，不禁让人联想到沙漠。

**热辐射成像系统**
热辐射成像系统重911千克，功率14瓦特，工作模式为红外光谱。根据红外图像光谱和记录的温度，该系统可以通过拍摄到的图像确定火星表面的成分。

# 聚焦木星

"**先**驱者1号"和"先驱者2号"探测器、"旅行者1号"和"旅行者2号"探测器，以及"卡西尼"号探测器都曾探访过太阳系的第五大行星——木星。然而，美国国家航空航天局（NASA）于1989年10月18日发射的"伽利略"号探测器才是木星最为重要的探访者。"伽利略"号探测器由一个轨道飞行器和一个大气探测器构成。经过漫长飞行，大气探测器于1995年12月7日冲入木星大气层约200千米深处，传输回地球有关木星大气层化学成分以及木星气象活动的数据。轨道飞行器在2003年9月21日与这颗气体巨星相撞坠毁前，一直向地球发送信息。●

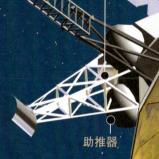

**大气探测器**
"伽利略"号探测器到达木星轨道时释放大气探测器，对木星大气层进行研究。

低增益天线

助推器

太阳能电池板

低增益天线

磁敏传感器

## 运行轨迹

"伽利略"号探测器用来研究木星大气层及其卫星和磁层，它不能直接到达木星，而必须采用借力轨迹的方式。"伽利略"号探测器于1990年2月10日飞经金星，又两度飞近地球，终于在1995年12月7日抵达木星。它利用低增益天线成功发送回地球空前优质的图像，显示了木星卫星——木卫二和木卫一的各种火山活动，并新探测到木星周围的21颗卫星。"伽利略"号在2003年结束了它的使命，为了避免今后与木卫二相撞污染其冰层，探测器撞入木星大气层而燃烧殆尽。科学家认为木卫二可能有地外微生物在繁衍生息。

"伽利略"号探测任务从1989年10月到2003年9月共持续了

# 14年。

**发射**
**1989年10月18日**
美国国家航空航天局（NASA）利用"亚特兰蒂斯"号航天飞机向木星发射"伽利略"号探测器。

**飞经地球**
**1990年12月/1992年8月**
为获得飞达木星所需的推力，"伽利略"号探测器两度飞经地球。

**抵达木星**
**1995年12月7日**
"伽利略"号探测器抵达木星后开始科学研究，直到2003年任务结束，共绕木星轨道飞行35圈。

**飞经金星**
**1990年2月10日**
"伽利略"号探测器从金星传送回数据。

**飞经小行星艾达**
**1993年8月28日**
"伽利略"号探测器飞经小行星艾达。

**飞经小行星加斯帕**
**1991年10月29日**
"伽利略"号探测器飞经951号小行星加斯帕。

**木卫二表面**
木卫二表面的红色区域是含有杂质的冰，由水和慢慢渗入冰层并立刻冻结的岩石碎片混合而成。冰层断裂形成了木卫二表面的"裂缝"。

## "伽利略"号探测器

尽管飞行任务遭遇重重技术难题，但"伽利略"号探测器仍然在环绕木星轨道飞行35圈的过程中为天文学家提供了大量信息。虽然成本高达15亿美元，但是这颗探测器超出预期使用寿命多服役了5年，并新探测到木星周围的21颗卫星，向地球发送了大量数据和14 000张图像，在木卫二表面探测到含盐水的痕迹，并取得了木卫三和木卫四上也可能有过含盐水的证据。此外，它还提供了有关木卫一火山活动的信息，还显示了在木星周围存在一个由陨星尘构成的微弱的光环。"伽利略"号探测器从发射到撞毁共飞行约46亿千米，却仅消耗了925千克燃料。共计有800多位科学家投身这个项目。

### 技术参数

| | |
|---|---|
| 到达木星时间 | 1995年12月7日 |
| 任务成本 | 15亿美元 |
| 使用寿命 | 14年 |
| 重量（不包括大气探测器） | 2 223千克 |
| 研发机构 | 美国国家航空航天局（NASA） |

7米

6.2米

### 木星大气层

木星大气层由90%的氢和10%的氦组成。木星大气层云层的颜色取决于云层的化学成分，而且云层会随着大气层中的湍急风流扩散。

### 木卫一

木卫一是木星卫星之一，因其表面的各种硫化物形成的璀璨颜色著称。木卫一于1610年由伽利略发现，距离木星671 000千米。

## 降落至木星

**1**
"伽利略"号探测器释放大气探测器后，大气探测器冲入木星大气层。大气探测器包括减速舱和下降舱。

**2**
减速舱包括热防护罩和热控制装置，在冲入木星大气层时执行不同步骤的任务。

减速舱

天线

降落伞

下降舱

**3**
直径2.5米的降落伞用来分离下降舱和减速舱，并在大气探测器穿过大气层时控制其下降速度。

降落伞

**4**
下降舱携带有6台科学仪器。大气探测器要在其57分钟的使用寿命内，完成科学家计划的所有测量和实验任务。

## 大气探测器

"伽利略"号探测器抵达木星时释放出一个小型大气探测器，然后这颗大气探测器冲入木星大气层。进入木星大气层的探测器装有科学探测仪器以及用于维持仪器正常运转的子系统，并向轨道飞行器传送信息，然后再由轨道飞行器传回地球。在木星大气层中57分钟的使用寿命内，它获得了大量新发现，其中包括发现木星大气层上层水的含量非常少的情况。

### 技术参数

| | |
|---|---|
| 进入大气层时间 | 1995年12月7日 |
| 使用寿命 | 57分钟 |
| 重量 | 339千克 |
| 研发机构 | 美国国家航空航天局（NASA） |

0.86米

1.25米

# 土星风貌

**长**期以来，科学家们一直渴望重返土星，美国国家航空航天局（NASA）和欧洲航天局（ESA）的科学团队实现了这一梦想。经过数年开发，双方的合作结晶终于在1997年10月15日向这颗气体巨星进发了。"卡西尼"号这艘母船的飞行任务是探测土星。母船载有一个更小的探测器——"惠更斯"号探测器。"惠更斯"号探测器的目标是登陆土星最大的卫星——土卫六，并从土卫六地表传送回图像和声音信号。"惠更斯"号完成了其探测任务，这一惊人之举再次证明人类有能力应对未知领域的挑战。●

**土星光环**
形成于45亿年前，由绕土星飞行的小冰块和岩石粉末构成。

## 飞行轨迹

"卡西尼–惠更斯"号探测器的飞行轨迹漫长且复杂，包括途经金星（1998年和1999年）、地球（1999年）和木星（2000年）的战略飞行。这几次战略飞行都是为了提高飞船的飞行速度以及校正其飞行方向（这种飞行称为引力助力飞行）。最终，经过将近7年，共飞行了35亿千米的漫长旅程后探测器顺利抵达目的地。"卡西尼–惠更斯"号探测器结束了自1981年"旅行者2号"探测器飞经土星之后科学家们的漫长等待。

**第一次飞经金星**
**1998年4月**
"卡西尼"号探测器飞经金星，距金星飞行高度284千米。

**地球**
**1999年8月**
"卡西尼"号探测器飞经地球，距地球飞行高度1 171千米。

**土星**
**2004年6月**
"卡西尼"号探测器经过7年的长途跋涉，终于抵达土星并进入土星轨道。

**磁力仪伸长臂**

**第二次飞经金星**
**1999年6月**
"卡西尼"号探测器飞经金星，距金星飞行高度600千米。

**木星**
**2000年12月**
"卡西尼"号探测器飞经木星，距木星飞行高度9 723 896千米。

**到达土星与土卫六的飞行轨迹**
这幅图显示了"卡西尼"号探测器计划进行的74圈飞行的部分飞行轨道。

"惠更斯"号探测器与土卫六相遇

赤道面轨道

上升段轨道

土卫六轨道

土星
从北极观测

掩星轨道

初始轨道

赤道面轨道

**飞船推进器**
**（2台之一）**

**木星和木卫一的照片**
距木星最近的卫星木卫一由硅酸盐岩石构成，内核半径为900千米，可能由铁元素组成。这张照片由"卡西尼"号探测器拍摄。

**无线电子系统和等离子探测器天线**
**（3根之一）**

## "卡西尼–惠更斯"号探测器

"惠更斯"号探测器发出的信息，通过"卡西尼"号飞船传递，需要67分钟才能从土星发送回地球。尽管该探测器只能观测到土卫六的小部分，但仍能解决一些关键问题。例如该探测器未发现任何液体，却探测到十卫六地表有一层表面坚硬、下部湿软的硬壳，表明该硬壳不时地被液体淹没。研究人员称土卫六可能有非常罕见的降水，但是一旦出现降水，降水量就很大，从而形成洪流。此外，尽管土卫六气温太低不适合生命生存，但是具备孕育生命的某些条件。

**技术参数**

| | |
|---|---|
| 发射时间 | 1997年10月15日 |
| 进入土星轨道日期 | 2004年7月1日 |
| 最接近点 | 19 000千米 |
| 重量 | 5 600千米 |
| 研发机构 | 美国国家航空航天局（NASA）和欧洲航天局（ESA） |

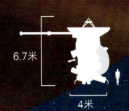

6.7米

4米

在地球上重量为

**5 600千克。**

**高增益天线**

**低增益天线**
**（2根之一）**

**雷达**

**望远镜**

**放射性同位素**
**热电机**

在地球上的重量为

**350千克。**

**"惠更斯"号探测器技术参数**

| | |
|---|---|
| 发射时间 | 2004年12月25日 |
| 重量 | 319千克 |
| 研发机构 | 美国国家航空航天局（NASA）和欧洲航天局（ESA） |
| 着陆日期 | 2005年1月14日 |
| 利用降落伞下降时间 | 2小时30分钟 |

在"卡西尼"号飞船上的"惠更斯"号探测器

6.8米

0.7米

## 降落至土卫六

"惠更斯"号探测器于2005年1月14日开始降落，探测器上装载的6台科学探测仪器在2小时30分钟的降落过程中不间断运行，探测证实土卫六周围环绕的浓密大气层主要由氮构成，并证实太阳光分解大气层中的甲烷形成复杂的碳氢化合物，所以大气层呈现微黄色。在距土卫六表面50千米处记录到这次任务的最低温度，低至−203℃。

**1**
分离
"惠更斯"号探测器与"卡西尼"号探测器分离。

**2**
降落
从距土星表面1270千米处开始降落，共持续150分钟。

**3**
打开第一个降落伞
有助于降低探测器的下降速度。

**4**
打开第二个降落伞
取代第一个降落伞。

**土卫六表面**
覆盖着一层浓密的云层，而且在土卫六高海拔处可能有类似于地球生命出现之前的冻结状态的化合物存在。

**5**
打开第三个降落伞
取代第二个降落伞。

**6**
打开着陆支架
探测器准备着陆。

**7**
撞击土卫六表面
探测器在土卫六表面撞击着陆。

**8**
着陆
探测器开始在土卫六表面记录相关数据。

# 向金星和冥王星进发

**20**06年1月美国国家航空航天局（NASA）启动了"新地平线"号任务。在这项太空任务中，宇宙飞行器将飞达太阳系边缘甚至更远的地方。其最重要的目标是探访冥王星这颗矮行星（国际天文学联合会于2006年定名）。飞船途经木星，借助木星引力加速，将于2015年飞达冥王星。它将对冥王星进行为期6个月的观测，之后将继续航行，向太阳系的"柯伊伯带"地区进发。●

## "新地平线"号任务

美国国家航空航天局（NASA）此次"新地平线"号任务是无人太空任务，旨在探测冥王星和柯伊伯带。探测器于2006年1月19日从卡纳维拉尔角发射，于2007年2月飞经木星，借助木星的引力加速，将于2015年7月14日飞达冥王星。然后，该探测器将飞经柯伊伯带的一颗或多颗天体。该任务的主要目标是研究冥王星及其卫星冥卫一的形状和结构、分析冥王星表面的温度变化、寻找冥王星周围的其他卫星并拍摄高分辨率图像。该探测器使用放射性同位素热电发电机为其提供动力。

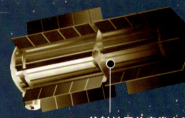

**放射性同位素发电机**
为驱动飞行器提供能量。

**低增益天线**
高增益天线的辅助天线，在高增益天线出现故障时可以将其替代。

**发射**
**2006年1月19日**
"新地平线"号探测器从卡纳维拉尔角发射，将飞往木星、冥王星和柯伊伯带。

**飞经木星**
**2007年2月**
探测器飞经木星，借助木星引力加速以实现其冥王星之旅。

**飞经柯伊伯带**
**2016年至2020年**
探测器将飞经一颗或多颗柯伊伯带天体。

**轨道穿越**
**2006年4月7日**
探测器成功穿越火星轨道。

**飞抵冥王星**
**2015年7月14日**
"新地平线"号探测器将飞近探测冥王星及其卫星冥卫一，并向地球发回其表面、空气和气候数据。

## 宇宙飞行器

"新地平线"号探测器的中心结构是铝制缸体，重465千克，其中30千克是其运载的科学仪器的重量。飞行器上所有的系统和装置均有备用备份，并配备精密的**导向控制系统**。它还配备多台照相机，可以跟踪恒星，以找到正确的航向。这些照相机的存储器里存储了3 000颗恒星的地图。其中一台照相机每秒钟拍摄10次广角太空图像，并将图像与存储的地图进行比较。

**1号光谱仪**
研究冥王星与太阳风的相互作用，以确定冥王星是否有磁层。

**天线**
具有高增益性能，直径2.2米，用于与地球通讯。

**辐射计**
测量大气成分和温度。

**望远镜式相机**
将拍摄冥王星的照片并收集优质的地质数据。

**推进器**
探测器配备6台推进器，以增加飞行速度。

| 技术参数 | |
| --- | --- |
| 发射时间 | 2006年1月19日 |
| 探测目标 | 冥王星 |
| 成本 | 6.5亿美元 |
| 重量 | 465千克 |
| 研发机构 | 美国国家航空和航天局（NASA） |

0.7米
2.1米

# 2015年

"新地平线"号探测器将于2015年7月14日飞抵冥王星。

## "金星快车"号太空任务

金星比地球略小，大气层稠密。由于距离太阳仅1.08亿千米，它 □ 接收到的太阳能几乎是地球表面的两倍。"金星快车"号是欧洲航天局（ESA）对金星的首次探测任务，其科学目的包括详细研究金星大气层、等离子介质、金星表面以及金星表面与大气层的相互影响。"金星快车"号探测器于2005年11月9日从拜科努尔发射基地发射升空，于2006年4月11日进入轨道。该任务将持续两个金星日（约500个地球日）。

| 技术参数 | |
| --- | --- |
| 发射时间 | 2005年11月9日 |
| 成本 | 2.6亿美元 |
| 重量 | 1 240千克 |
| 研发机构 | 欧洲航天局（ESA） |

1.8米
1.6米

**发射**
2005年11月9日

**飞抵金星**
2006年4月11日

**在金星停留**
500个地球日。

**1号光谱仪**
用于测量大气温度。

**2号光谱仪**
用于对金星进行紫外线探测。

**太阳能电池板**
获取太阳能量，为太空任务提供动力。

**照相机**
用于拍摄紫外线图像。

**磁力计**
测量磁场及其方向。

**高增益天线**
向地球传输数据。

# 走近太阳

太空探测器"尤里西斯"号于1990年10月6日搭乘航天飞机发射升空，于1997年完成了环绕太阳的第一圈飞行。自此，这颗探测器对太阳这颗恒星进行了有史以来最深入的研究。美国国家航空航天局（NASA）和欧洲航天局（ESA）进行的这次联合任务是首次环绕太阳两极的飞行任务。探测器的轨道使它能够在从赤道到两极的所有纬度上、从太阳北半球到南半球全方位地研究太阳风层。"尤里西斯"号探测器以15.4千米/秒的速度环绕太阳飞行。

**太阳风离子探测仪**
研究太阳风离子构成和粒子物质的仪器。

**飞过太阳北极**
1995年6月至10月
2001年9月至12月
2007年11月至2008年1月

**1** 第一圈飞行始于1992年。

**2** 第二圈飞行始于1998年。

**3** 第三圈飞行始于2004年。

太阳　　　地球

木星
探测器飞经木星，以借助木星引力。

**飞过太阳南极**
1994年6月至11月
2000年9月
2001年1月
2006年11月至2007年4月

100天

**高增益天线**
用于与地面站进行通讯。

## 第一圈飞行
### 太阳风层之有序
1997年12月"尤里西斯"号探测器飞过太阳北极，完成了第一圈太阳轨道飞行。经观测，太阳风层为双峰结构，也就是说，轨道倾角（起始倾角为36°）越大，太阳风风速越快。在第一圈飞行期间，观测到的太阳活动相对较少。

## 第二圈飞行
### 太阳风层之无序
"尤里西斯"号探测器于2000年获取的资料显示，在太阳活动的最高峰期，太阳风的结构发生了变化。"尤里西斯"号探测器并未探测到太阳风速与轨道倾角之间相互影响的模式，通常太阳风风速较缓，变化也较多。

## 第三圈飞行
### 磁场变化
在第二圈飞行中，"尤里西斯"号探测器遭遇了太阳活动的冲击，但最终渡过了难关。2007年2月，探测器开始绕太阳两极进行第三圈飞行。原本预期此时如同1994年一样是太阳活动最不活跃期，然而，磁场两极的情况却恰恰相反。

**放射性同位素热电发电机**
为宇宙飞行器在太空中飞行提供电能。

**伽马射线监视器**
用来研究太阳发射的伽马射线的装置。

**宇宙尘埃测量仪**
是"尤里西斯"号探测器的内部装置，用来研究太阳风层粒子和宇宙尘埃的能量构成情况。

**径向天线**
包括用于进行不同实验的四种装置。

**欠量氦磁力计**
用来研究太阳风层磁场的装置。

**统一射电和等离子体波勘测仪**
用于测量太阳风中的无线电波和等离子体。

## 太阳风与地球

太阳核活动强烈，每秒钟要向太空发射上百万吨的粒子。这种粒子流形成了低密度的等离子体，能够扩大太阳的磁场，并与地球磁层相互作用。不受太阳风影响的区域叫作太阳风层顶。

**太阳风层探测仪**
用于测量行星际介质的离子和电子能量。

**冲击波**
太阳风与地球磁场发生碰撞产生冲击波。

**太阳风**

**燃料反应槽**
用于校正探测器轨道方向。

**磁力带**
产生于地球的双极特性。

**天线电缆控制器**
用于改变天线的指向方位。

**黄金喷镀层**
起绝缘作用，用来将燃料温度保持在5℃以上，并将飞行仪器的温度保持在35℃以下。

**天线电缆**
宇宙飞行器两侧各一根，在起飞后展开。

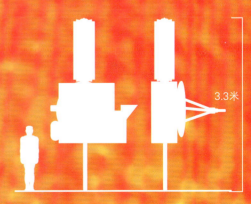

3.3米

"尤里西斯"号探测器达到的速度为

# 15.4千米/秒。

| "尤里西斯"号探测器技术参数 | |
|---|---|
| 发射时间 | 1990年10月6日 |
| 发射重量 | 370千克 |
| 仪器重量 | 550千克 |
| 轨道倾角 | 80.2°（相对于太阳黄道面） |
| 研发机构 | 美国国家航空航天局（NASA）和欧洲航天局（ESA）（联合任务） |

# 飞出太阳系

**为** 研究外太阳系，美国国家航空航天局（NASA）发射了"旅行者1号"和"旅行者2号"太空探测器。1977年9月5日"旅行者1号"探测器发射升空，于1979年和1980年分别飞经木星和土星。1977年8月20日"旅行者2号"探测器发射升空，同样飞经木星和土星，于1986年飞抵天王星，1989年飞抵海王星。"旅行者2号"探测器是人类有史以来唯一一个同时探索了天王星和海王星的探测器。目前，"旅行者1号"和"旅行者2号"已成为人类送上太空的飞行距离最远的飞行器。●

**"先驱者10号"和"先驱者11号"探测器**
1973年，"先驱者10"号成为第一艘飞经木星的宇宙探测器。"先驱者11号"探测器紧随其后，分别于1974年和1979年飞经木星和土星。1995年"先驱者11号"探测器停止工作。"先驱者10号"探测器发送的信号一直持续到2003年。

## 太阳系边界

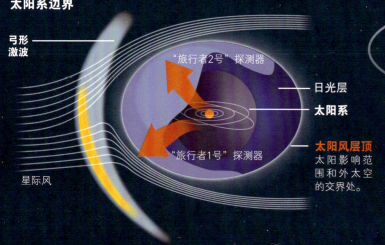

弓形激波

"旅行者2号"探测器

日光层

太阳系

"旅行者1号"探测器

**太阳风层顶**
太阳影响范围和外太空的交界处。

星际风

**轨道**
"旅行者1号"探测器于1979年飞越木星，于1980年飞越土星。"旅行者2号"探测器也同样飞经木星和土星，并于1986年飞抵天王星，于1989年飞抵海王星。目前，两颗探测器仍在使用中。

"旅行者2号"

"旅行者1号"

- 地球
- 木星
- 土星
- 天王星
- 海王星

## 寻找太阳风层顶

"旅行者1号"和"旅行者2号"探测器离开太阳系后，该计划被重命名为星际航行任务。两颗探测器继续研究探测到的磁场，并寻找太阳风层顶，即太阳影响范围和星际太空的交界处。因为一旦飞过此边界，"旅行者"号探测器便可以测量逃离太阳磁场的波，第一个便是所谓的"弓形激波"。在产生"弓形激波"的区域，由于太阳磁场消失，太阳风也会突然减弱。科学家们希望"旅行者"号探测器还能继续工作至少30年。

# 10 000天

"旅行者1号"探测器发射升空已经10 000天了。在此期间，在对4颗行星的研究中，它已发现了21颗新的卫星，而且探测器还证明了土星光环的构成成分含有冰粒，发现了海王星的光环并确定了天王星磁场的特性。

## "旅行者"号探测器里程碑

**1977年**
**发射**
"旅行者1号"和"旅行者2号"太空探测器由美国国家航空航天局（NASA）从卡纳维拉尔角发射升空。之后开始了至今还在进行的太空任务。

**1977年**
**地球和月球的照片**
9月5日"旅行者1号"探测器发回了地球和月球的照片，表明探测器运行良好。

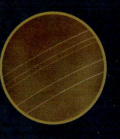

**1986年**
**飞抵天王星**
1月24日"旅行者2号"探测器飞抵天王星，并向地球发回了天王星的照片以及天王星卫星、光环以及磁场的数据。

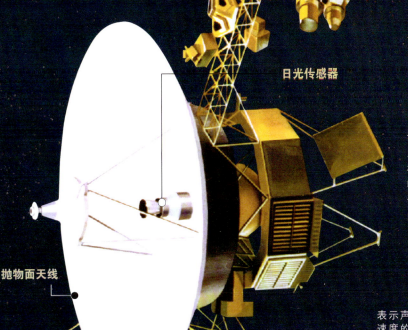

日光传感器

## 金色磁盘

两艘"旅行者"号探测器各携带了一张直径30.48厘米的金色磁盘，上面记录了人类的问候，内容包括地球上的生活、照片、各种音乐（莫扎特、巴赫和贝多芬）、50多种语言的问候语和已故宇航员卡尔·萨根的妻子安·德鲁彦的脑波（她亲自对这张磁盘内容的收集过程进行了监督）。正如萨根所说，如果发现有生命对人类的问候做出了回应，那必定将是"人类最重大的发现"。

抛物面天线

### 与地球通讯
直径为3.7米的高增益天线安装在中心主体的上部。这根天线必须指向精确的方向。

**金色磁盘**

表示声音收听速度的二进制代码。

唱片针

视频信号波

标记时间的二进制代码。

唱片的视图。

唱片针的侧视图。

扫描仪触发器

视频图像

如果将唱片解码，圆圈中则会出现第一幅图像。

天线必须指向正确的方向。

### 天线
传感器记录太阳的位置。

如果天线指错方向，信息将无法到达目的地。

此示意图采用14条方向线表示太阳的位置。

表示氢原子的能级跃迁。

### "旅行者1号"和"旅行者2号"探测器技术参数

| 发射时间 | 1977年 |
| --- | --- |
| 使用寿命 | 60年 |
| 重量 | 815千克 |
| 能量来源 | 钚 |
| 研发机构 | 美国国家航空航天局（NASA） |

3.35米

3.35米

在地球上的重量为

# 815千克。

### 1987年
**观测超新星**
大麦哲伦星云出现了超新星1987A。"旅行者2号"太空探测器拍摄了超新星的高清照片。

### 1989年
**海王星的彩色照片**
"旅行者2号"探测器是观测海王星的第一颗太空探测器。它拍下了海王星最大的卫星——海卫一的近景。

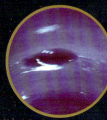

### 1998年
**超过"先驱者10号"宇宙探测器**
"先驱者10号"探测器于1973年发射，截至1998年2月17日，它一直是距离地球最远的探测器。1977年"旅行者1号"发射升空，它的飞行速度更快，从飞行距离来说已经超越了"先驱者10号"探测器。

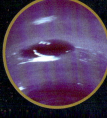

# 应用航天学

太空旅行业前景广阔，将在未来几十年内成为潜力巨大的商业投资项目。2004年，世界上第一架私人载人飞行器"太空船1号"成功抵达近地外层空间，在大气层外逗留3分钟，随后安全降落在美国加利福尼亚州的沙漠上。该项目共耗资

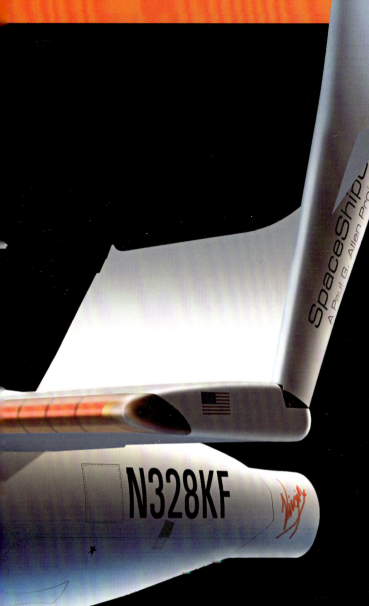

"太空船1号"

世界上首架私人投资开发的可重复使用太空飞机，其升限（最大飞行高度）为普通飞机的10倍。

2千万美元，由微软公司创始人之一资助。现在，许多人已经开始预订太空游的船票，去体验那种微重力状态。与此同时，载人航天事业还带动和刺激了无线设备、植入型心律转复除颤器和数字成像等多种技术的高速发展。●

# 从太空到家居生活

太空一直以来都是人类研究开发新技术和新方法的实验室，这些新技术和新方法在我们的日常生活中已经能够得以应用。在太空中经受了极端环境测试的各种设备、食品、服装、材料和器皿等，在改善我们的生活方面发挥了作用。科学家们认为，一项考虑周全的设计必须注意吸收这些成果，今后50年中的技术创新就将以这种方式改变我们的社会。●

## 智能服装

集成计算机技术及多种其他技术性能的服装，已经由科幻影片的虚构情节变为日益触手可及的现实。新型服装材料的设计，展示了电子科技如何把传统服装变成智能生物医学服装，这种服装能感知周围环境变化以及穿着者的生命体征。正是因为有了这种新型的纺织材料，科学家已经开始探讨如何利用服装预防各种疾病。

**鹅妈妈睡衣**

鹅妈妈睡衣可用来监视在家中睡觉的婴儿。这种睡衣在胸部和腹部位置配备了5个传感器，其中3个用来监测婴儿的心跳，而另外2个则用来监测婴儿的呼吸模式。人们利用这种睡衣来监测并预报可能发生的婴儿猝死综合症。这种监测方法与太空中使用的宇航员生命体征持续监测系统极为类似。

传感器位置
● 胸部
● 腹部

## 日常应用

频繁的太空旅行已经让许多新技术的应用走进了家庭。微波炉和脱水食品就是两个典型的例子，今天它们已经成为了人们日常生活的一部分。

**食品**

研究人员把食物进行脱水处理后置于阴凉处保存。这类食物包括果脯、熏火鸡、薄面饼、豆乳奶酪、核桃和花生等等。

**微波炉**

微波炉于20世纪70年代开始盛行于美国，它可以通过电磁波快速烹饪或加热食物。

**维可牢尼龙搭扣**

乔治·德·梅斯特拉尔于1941年发明的维可牢尼龙搭扣，可以快捷地将两个部分黏合或分离。

## 空气净化器

 空气净化器用于降低室内细菌的浓度，有益于缓解过敏症和哮喘症患者的痛苦。空气净化器具有轻巧和便于移动的特点。

**1** 第1步
净化器吸入带有过敏源的受污染空气。

**2** 第2步
过滤器处理受污染空气。

**3** 第3步
净化器向外界释放纯净的空气。

受污染的空气　　　　　　　　　纯净的空气

### 聚碳酸酯

 被压实的多层聚碳酸酯耐冲击性好，可以代替玻璃，也可以用作制作眼镜镜片的材料。

### 宇宙飞船的保护

为了抵御极端温度以及陨石撞击的影响，宇宙飞船采用了用硅黏合剂黏结在一起的多层保护壳。最外层由铝材制成，接下来是耐极端高温的纤维层，然后是隔离低温的纤维层。

**耐高温纤维**
用来抵御太阳的有害影响。

**耐低温纤维**
用来抵御极端低温的影响。

**硅酮黏合剂**

**铝质材料**在太空飞船遭受陨石撞击时，可以起到保护作用。

### 凯夫拉

凯夫拉是一种合成纤维材料，主要用于制作各种防护服，如防弹背心、极限运动装备和防护毯等。

### 硅酮

 硅酮是一种由硅构成的聚合物，可用作润滑剂和黏合剂，也可用于防水材料、制作冰格和用于医疗等方面。

### 特氟隆

特氟隆是聚四氟乙烯的俗称。这种材料具有惰性特点，也就是说，除非在特定条件下，一般它不易与其他化学物质发生反应。特氟隆的另一特性是不渗透性，在潮湿的环境中它仍可以保持这一特性。而它最显著的特点是抗黏着性，所以它可以作为表面抗黏涂层材料，用于火箭、飞机和家用煎锅等。

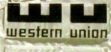

### 条形码

条形码是将宽度不等、间距不同的多条平行垂线组合排列在一起表达一组信息。在商品流通和工业领域使用专用扫描器来读取这种编码信息。

# 全球互连

利用卫星进行通讯使得相距很远的地方能够彼此联系，并能够把信息传播到偏远地区。这些卫星基本上都位于地球同步轨道，也就是说，卫星的轨道周期等于地球的自转周期。由于相对于地球表面静止不动，地球同步卫星拥有更有效稳定的信号传输系统。地球同步卫星网络由气象、科研、导航、军事用途等各种用途的卫星组成，当然还包括远程通信。●

## 通讯连接

▶ 地球上任意两点之间都可以建立通信。地面和卫星天线之间发送和接收的信号都以无线电波频谱中的电波形式进行传播，它可以是电话对话、电视信号或计算机数据。例如，从欧洲打到美国的电话，就要首先将信号发送到地面站，然后再转发到卫星。信号通过卫星转发到位于美国的地面天线，最后传输到信号的最终目的地。

**下行链路**
卫星转发信号到其他接收点，则进行下行连接。

**上行链路**
卫星捕捉地球传来的信号，则进行上行连接。

## 地面站

▶ 地面站是配备了用于发射和接受卫星信号的天线以及所有必要地面信息设备的建筑。有些地面站为大型建筑物，而天线则作为信息流的发射器和接收器。另外一些地面站是具备通信功能的小型设施，用来在船上或飞机上进行操作。

**发射天线**
地面天线接收来自卫星的信息后将其转发。这是进行各种远程通讯的关键过程。

**电视广播连接**
能够使新闻或其他事件通过卫星进行传播，因为卫星可以捕捉电视广播信号并将其传播到不同的地理位置。

**国家通讯网**
地球上固定的结构，利用天线进行通讯和接收信息。

**公共网络**
可以进行两点之间的电话通讯。

**专用网络**
公司集团通常采用的网络，如电视网络。

**私人用户**
支付卫星接入的私人用户。

**移动式通讯设备**
用于报导各地新闻或事件。

**定位发送和接收天线**
可以对准地球上的特定位置。

**太阳能电池板**
吸收太阳光线并将其转化为电能

**转频器**
转频器是卫星的核心，它可以校正由大气层造成的无线电信号的扭曲。

**三个轴向上的转动**
为了校正其方位，卫星可在3个轴向上进行转动：其中一轴与卫星轨道垂直，另外两轴分别为水平轴和垂直轴。

**反射器**
捕捉并直接转发信号。

俯仰
指向地球
侧翻
速度矢量
偏航
轨道

**反射器**

**铱星卫星网络系统**
铱星移动通信系统是一种低地球轨道的全球卫星移动通信系统。铱星卫星系统由66颗按极轨道分布的卫星构成。

**电话通讯**
通过卫星可实现飞机与地面之间的通讯。

**最大功率面积**

**低功率边界**

**电话连接**
地面天线接收信号后将其传输到转发中心，转发中心再以相应格式重新发送信号。

**转发中心/操作员**

**卫星覆盖区**
当发射的无线电波到达地球时，电波覆盖的某个特定范围称为覆盖区。

**电视**
通过天线接受来自转发中心的电视信号。

**电信陆线**
语音信号通过电信线路从转发中心传输到指定位置。

**移动电话**
可以根据发射信号的不同接收语音信号和图像信号。

# 全球卫星导航系统

**美**国国防部开发的全球定位系统（GPS）能够对全球任何位置上的人、车辆或船舶进行定位。GPS系统是由24颗导航卫星组成的卫星网络，于1995年开始全面运作。虽然GPS系统最初是为军事目的而开发的，但是其应用很快就扩展到商业和民用领域，目前还纳入了手持导航系统。最新开发的全球卫星导航项目是拟议中的欧洲"伽利略"卫星导航系统，该系统类似于GPS系统，由30颗卫星组成卫星网络，预计将于2013年投入使用。●

## 定位操作

根据卫星发送的电磁波，接收器可以将接收到的信号转换成位置、速度和预计时间等信息，其原理是"距离=速度×时间"。计算地面物体的确切位置需要4颗卫星，其中3颗卫星发出的信号会出现一个重叠区域，而第4颗卫星的功能是进行数据校验。如果第4颗卫星扫过的范围与其他3颗卫星确定的范围不相符，则必须要对定位的位置进行校正。

**1** 第1步
第1颗卫星发送需定位位置的坐标。导航接收器捕获此坐标信号，计算出该坐标与卫星的距离，并确定大致位置所在的球形区域。

**2** 第2步
利用第2颗卫星发送的需定位位置的坐标，接收器可以确定使用者的位置处于两个球形信号区域的重叠范围内。

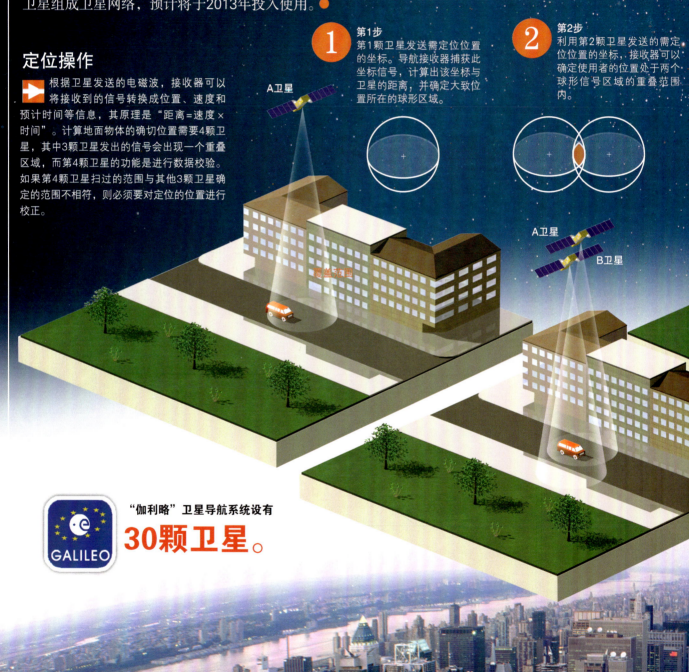

A卫星

覆盖范围

A卫星
B卫星

"伽利略"卫星导航系统设有

**30颗卫星**。

GALILEO

# "伽利略"卫星导航系统

3米

欧洲"伽利略"计划（2005年底发送第1颗试验卫星进入轨道）是1个卫星导航系统，该系统由30颗在不同平面的中地球轨道飞行的卫星（其中27颗为工作卫星，另外3颗为备用卫星）网络构成，以确保全球范围内的覆盖。同GPS系统一样，该卫星导航系统除了用于位置导航，还可以应用在其他诸多方面，如管理大城市的出租车队，定位被盗汽车或其他财产等。"伽利略"计划的实施在某种程度上是为了减少对GPS系统的依赖，以防美国政府在认为必要的时候中断GPS服务或将其修改得不够准确。

## "伽利略"卫星导航系统技术参数

| | |
|---|---|
| 第1颗卫星发射时间 | 2006年 |
| 轨道高度 | 23 000千米 |
| 轨道周期 | 14小时 |
| 研发机构 | 欧盟 |
| 轨道中的卫星总数 | 30颗（其中27颗为工作卫星，3颗为备用卫星） |

轨道平面与赤道平面的夹角约为55°

赤道平面

**"伽利略"卫星轨道**
这些卫星的轨道确保了足够的覆盖范围，以便精确计算地球上目标的位置。

电磁波的传播速度为
## 300 000千米/秒。

卫星发送电磁波，接收器根据电磁波确定其位置。电磁波的传播速度为300 000千米/秒。

A卫星
B卫星
C卫星

**3** 第3步
3颗卫星的球形信号区域相重叠可确定出1个公共点，即使用者的确切位置。

**4** 第4步
第4颗卫星可以校正由于接收器信号同步不准确而产生的位置误差。

A卫星
B卫星
C卫星
D卫星

**接收器**
接收器配备确定某特定点的位置所必需的控制器。控制器能够为观测者提供所需的坐标。

**指示器**
指示纬度、经度和海拔。

**控制器**
通过地图进行导航。

**接收位置坐标**

# 环境卫星

**由**法国航天局（法国国家太空研究中心 CNES）研制的地球观测卫星系统SPOT 1号卫星于1986年被送入轨道。它是现今运行的这个卫星网络中的第一颗卫星，可以以极高的分辨率拍摄地球上不同地方的照片。SPOT 5号卫星可从三个不同角度扫描地球，从而能够三维图像。这颗卫星是当今最为出色的商业卫星，各类公司都要求购买它所拍摄的特写图像。例如，农业公司需要耕地的特写图像，石油公司需要石油和天然气勘探的图像。1999年发射的用于环境监测的另一颗卫星能够提供低分辨率的地面图像。●

## SPOT 5号卫星的性能

SPOT卫星网络的开发实现了对环境相关现象的商业化图像监测。使用其扫描系统，1颗SPOT卫星每隔两或三天就能对同一地点进行重复观测。每颗卫星带有两台照相机，可以并排扫描60千米宽的地平面。两台照相机一起使用时，可获得高达2.5米的分辨率，也可以从不同角度拍摄立体图像。相机还可以拍摄黑白图像或融合了不同波段的光的多光谱图像。销售SPOT卫星系统图像的斯波特图像有限公司可以提供不同地区无云影遮挡的清晰图像，在需要使用无云、雾、薄雾或沙尘暴影响的图片时，这无疑特别有价值。

**三卫星网络**
拍摄工作采用整合方式，能够拍摄全球任何一点每一天的图像。

### 技术参数

| 发射时间 | 2002年5月4日 |
|---|---|
| 轨道高度 | 832千米 |
| 轨道周期 | 100分钟 |
| 最高分辨率 | 2.5米 |
| 研发机构 | 法国国家太空研究中心（CNES） |

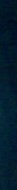

3.1米

5.7米

## 美国卫星

"陆地卫星7号"由美国国家航空航天局（NASA）于1999年4月发射。它在705千米的高度绕地球飞行，只需99分钟即可完整绕地球一周，用16天即可拍摄整个地表的照片。陆地卫星拍摄的图像分辨率可达15米。

**陆地卫星7号**
能够拍摄可用于监测气候和环境变化的地球多光谱图像。

三月　二月　一月　十二月　十一月　十月　九月

### 太阳同步轨道

为了比较特定地点在不同日期的图像，必须在相似光照条件下拍摄这些图像。为此，卫星要处在轨道平面与太阳保持固定夹角的太阳同步轨道，这样每颗卫星在26天的周期内可以为整个地球表面拍摄一幅全景图片。

这3颗卫星的观测范围能覆盖每天

# 95%

的地球表面。

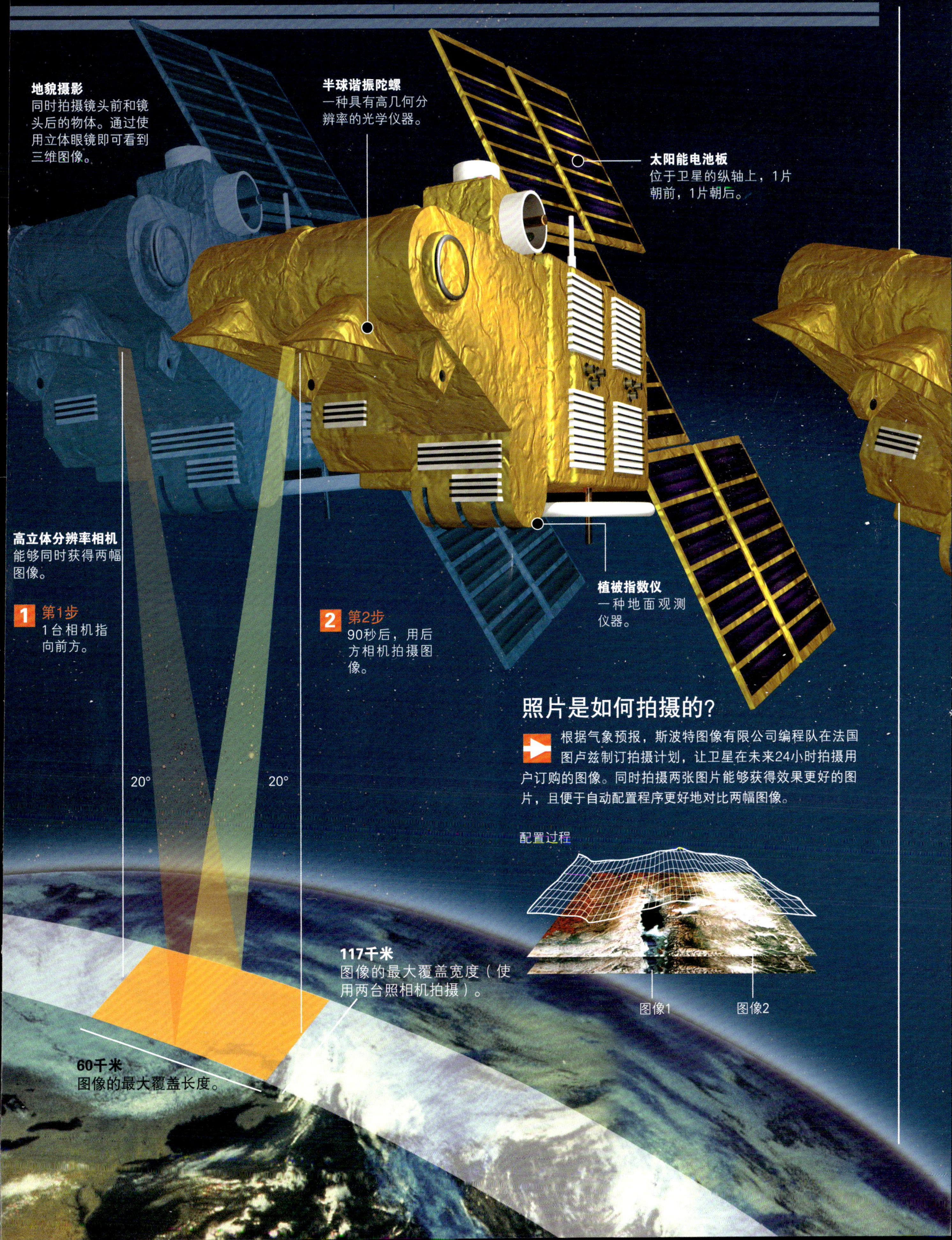

**地貌摄影**
同时拍摄镜头前和镜头后的物体。通过使用立体眼镜即可看到三维图像。

**半球谐振陀螺**
一种具有高几何分辨率的光学仪器。

**太阳能电池板**
位于卫星的纵轴上，1片朝前，1片朝后。

**高立体分辨率相机**
能够同时获得两幅图像。

**1** **第1步**
1台相机指向前方。

**2** **第2步**
90秒后，用后方相机拍摄图像。

**植被指数仪**
一种地面观测仪器。

20°      20°

## 照片是如何拍摄的？

根据气象预报，斯波特图像有限公司编程队在法国图卢兹制订拍摄计划，让卫星在未来24小时拍摄用户订购的图像。同时拍摄两张图片能够获得效果更好的图片，且便于自动配置程序更好地对比两幅图像。

配置过程

**117千米**
图像的最大覆盖宽度（使用两台照相机拍摄）。

图像1      图像2

**60千米**
图像的最大覆盖长度。

叙利亚

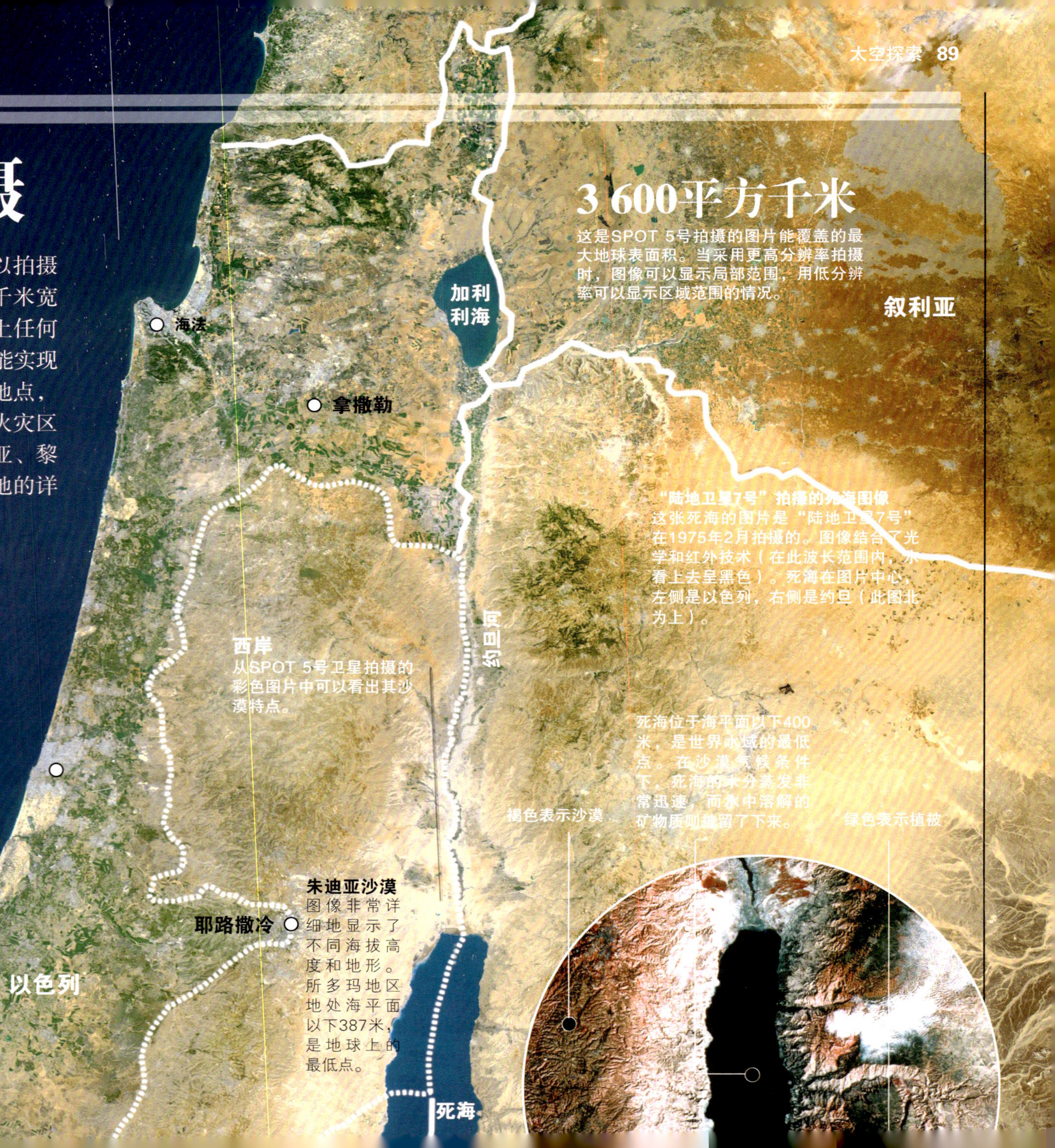

## 3 600平方千米

这是SPOT 5号拍摄的图片能覆盖的最大地球表面面积。当采用更高分辨率拍摄时，图像可以显示局部范围，用低分辨率等可以显示区域范围的情况。

**"陆地卫星7号"拍摄的卫星图像**
这是死海的图片是"陆地卫星7号"在1975年2月拍摄的（在此波长范围内太阳红外线呈绿色）。死海在图片中心，右侧是约旦（此图以此为上）。

**死海位于海平面以下400米，是世界上海拔最低的地点。死海湖水蒸发条件下，矿物质分泌发生沉淀，而海中溶解的矿物质则沉淀下来。绿色表示沙漠，橘色表示矿床。**

加利利海

拿撒勒

西岸

从SPOT 5号卫星中可以看出其彩色图片中的橘黄色沙漠特征。

海法

死海

**内盖夫沙漠**
图像显示了非常细微的地形。所处的玛地区地势平坦，处海平面以下387米，是地球上的最低点。

耶路撒冷

以色列

加沙

地中海

## 卫星空中拍摄

**地** 球观测卫星系统SPOT 5号卫星可以拍摄从分辨率为2.5米的地面图像到60千米宽的边缘地区图像，以不同比例尺显示世界上任何地区的地理情况。SPOT 5号的高分辨率性能实现了深度特写观测。它能够拍摄非常具体的地点。如植被区、港口、海洋、地理边界和森林火灾区等。右图是卫星拍摄的以色列及其与叙利亚、黎巴嫩和埃及的边境地区以及死海和戈兰高地的详细全景图。

**以色列**
纬度为32.98°，
经度为35.57°。

| | |
|---|---|
| 表面积 | 21 946平方千米 |
| 人口 | 6 116 533（2003年） |
| 人口密度 | 302人/平方千米 |
| 首都 | 耶路撒冷 |
| 货币 | 新谢克尔 |

# 2.5米

这是SPOT 5号卫星能实现的最佳分辨率。此分辨率能够显示港口停泊船只的详细信息。

约旦

埃及

| 卫星 | 像素尺寸 | 图像细节 |
|---|---|---|
| SPOT 1号至SPOT 3号 | 10米 | 彩色和黑白 |
|  | 20米 | 黑色 |
| SPOT 4号 | 5米 | 彩色和黑白 |
|  | 10米 | 黑色 |
| SPOT 5号 | 2.5米 | 彩色或黑白 |
|  | 5米 | 彩色或黑白 |
|  | 10米 | 彩色或黑白 |

0千米　10千米

## 图像分辨率

技术的发展提高了采集地理空间图像的分辨率。图像的最大分辨率达到了地球表面2.5米。在某些情况下，最好使用5米、10米和20米的分辨率。SPOT系统拍摄的图片可以覆盖达60千米的地区，可用于检查农业收成情况、评估自然灾害以及核查人口档案。

## 三维图像

SPOT 5号卫星的扫描方法使得人们能够构建三维图像（主要用来表现地势起伏）。

# 别样的假期

也许几年之后，太空旅行将成为另一种度假的选择，现在已经有各类私营企业计划推出这种休闲活动。2001年4月美国商人丹尼斯·蒂托成功地完成了一次国际空间站之旅。这位商业太空旅行第一人在空间站停留了8天，共花了2 000万美元。一年后，澳大利亚人马克·沙特尔沃思也进行了同样的旅行。接下来，"太空船1号"的出现使数千名游客以适当的费用进行太空旅行成为可能。●

丹尼斯·蒂托

**高度**
**100千米**

**最大高度**
宇宙飞船在返回大气层之前达到100千米的高度，其乘员将会体验6分钟的失重效应。

**90千米**

**80千米**

**70千米**

**引擎**
点火80秒后飞船可达到3 580千米/小时的速度。

**60千米**

**50千米**

**40千米**

**起飞**
经过一个小时的飞行，在15.24千米的高度，运载飞机"白骑士"释放出"太空船1号"。

**30千米**

35米

82米

**"白骑士"技术参数**

| 发射时间 | 2004年6月 |
| --- | --- |
| 最大飞行高度 | 15.24千米 |
| 首位飞行员 | 麦克·梅尔维尔 |
| 组织公司 | 私营公司 |

**再入**
飞行员进行下降操作。

## 飞行

在亚地球轨道飞行比在地球轨道飞行费用低。飞行一般持续约2个小时，最大飞行高度100千米，最高飞行速度3580千米/小时。在外太空只停留几分钟。在此期间，旅客可以看到美丽的地球轮廓，并体验失重效应。这样的航班可能会向付费乘客开放。

亚轨道飞行预计费用为

**200 000美元**。

培训

**4天**。

飞行时间为

**2小时**。

**着陆**
"白骑士"返回并着陆。

**滑行**
"太空船1号"向地面下降。

| "太空船1号"技术信息 | |
|---|---|
| 发射时间 | 2004年6月 |
| 最大飞行高度 | 约100千米 |
| 首位飞行员 | 麦克·梅尔维尔 |
| 组织公司 | 私营公司 |

5米

15米

飞船重量

# 3 670千克

## 驾驶舱

配有先进的技术设备，以便飞行员安全操纵飞船。驾驶舱有16面圆形玻璃舷窗，可看到太空和飞船之下的地球全景。中央操纵杆和方向舵踏板是飞行员在飞船飞行时使用的主要控制器。

**飞船乘员**
所有乘员都要经过飞行培训，穿着增压服，坐在飞船的后部。

**助推器**
固液混合火箭引擎。

**机架**
配备液体燃料。

**推进器**
用于飞船在飞行期间上升或下降。

**方向舵**
电驱动型，可为宇宙飞行增加动力。

**副翼**
用来控制飞船的高度。

**圆形窗格**
飞船共有16面玻璃舷窗，与飞船机身在结构上融为一体。

**显示器**
显示飞船相对地球的位置、到达目的地的路线以及机翼上的空气压力。

**地平仪**
用于指引飞船再入大气层。

**方向舵踏板**
方向舵踏板用于控制机身侧倾，以防止机身左右摆动。

**机头的转动**
可绕重心正向反向转动。

**顺桨**
指机翼向上翻起，以便实现安全再入大气层飞行。

**中央操纵杆**
控制飞船的俯仰操作。

**引擎**
引擎使用按钮启动，其燃料可以持续燃烧65秒。

**调节器**
用于校正轨道偏差。

# 术 语

## "伴侣"号人造卫星

标志着太空探索时代到来的人造卫星。"伴侣1号"于1957年发射，是一个铝制球体，直径58厘米，其所载仪器发回了21天时间内的宇宙辐射、陨石、地球上部层大气的密度和温度等信息。"伴侣2号"是第一颗将生物（小狗莱卡）送入太空的卫星。

## 传感器

一种广泛应用于航天器所载科学仪器和其他类型仪器的装置，用来收集数据和信息。

## 操作中心

航天任务控制操作中心利用遥测技术监测航天飞行，实现了对技术状态的实时监控。

## "东方1号"宇宙飞船

苏联太空计划，从1961年4月至1963年6月共将6位宇航员送入地球轨道。尤里·加加林是第一位绕地球飞行的宇航员（轨道高度为315千米），他是"东方1号"宇宙飞船上唯一一位宇航员。

## 导航系统

传统的宇宙飞船导航系统依赖于控制人员从地面追踪航天器的轨迹。而现代自动导航系统则由航天器所搭载的摄像系统拍摄的小行星和恒星图像计算和修正航天器的轨迹，然后将信息与导航系统接合起来。

## 对接接合器

宇宙飞船的一部分，用来在对接时与另一艘宇宙飞船连接在一起。

## 对接口

位于两艘对接宇宙飞船之间的一扇门，开启后宇航员即可从一艘飞船进入另一艘飞船。

## 反应控制系统

用来改变航天器飞行姿态的推进系统。

## 轨道摄动

有许多微妙的因素会干扰地球卫星的轨道。其中包括地球轨道的非对称性、太阳和月球的影响、大气影响以及太阳辐射产生的压力。

## "海盗"号探测器

美国国家航空航天局（NASA）于1975年将"海盗1号"和"海盗2号"探测器发射到火星。两颗探测器着陆后对火星表面进行了观测。

## 航天飞机

能够自行返回地球并在多项任务中重复使用的一种航天器。今天，美国航天飞机机队拥有"发现"号、"亚特兰蒂斯"号和"奋进"号3架航天飞机。"挑战者"号和"哥伦比亚"号航天飞机均在事故中损毁（于1986年和2003年）。

## 红外线

波长比可见光谱中的红光略长的光，肉眼无法看到。通过红外线可轻松实现两个距离较近的设备之间的信息传输，而无需用电缆将其连接。与可见光相比，产生红外线需要的能量较少，而且不会与其他光线发生干扰。

## 环境卫星

用于收集地球环境信息的卫星，如大气风暴、海洋温度和洋流、冰雪覆盖图像等。以不同波长表示的地球表面图像有助于评估岩石成分以及农作物和其他植物的健康状态。

## 火箭

一种喷气引擎，携带燃料和氧气源，以便在太空以及大气中运转。火箭通过从喷嘴喷射气体来产生推力。运载火箭由多级火箭组成，并可以使用助推火箭。火箭产生的动能可以将物体（如载人航天器、人造卫星和太空探测器）送入太空。最常见的火箭类型是使用液体或固体燃料加氧化剂的化学火箭。

## "火星探路者"号探测器

美国的太空探测器，于1997年7月4日成功登陆火星，着陆点位于被称为"战神瓦利斯"的区域。

## 激光（器）

能够生成由单一波长的同相光组成的相干光的设备。多种物质（如红宝石和某些气体）都可用来产生激光，这些物质经电刺激后可生成激光束。激光束有多种用途：强激光束可以非常精确地切割材料；而激光灯很容易就可以产生极短脉冲激光，因此可用于传输数字信息。

## 机械操纵系统

安装在航天飞机上的机械臂，用来完成诸如卸载航天飞机的有效载荷舱等任务。

## 机器人技术

设计能够独立执行多种任务并按实时所需调整其反应的机器的技术。

## "机遇"号火星车

美国国家航空航天局（NASA）发射的双胞胎火星车中的第二个，于2004年在火星表面着陆。

## 减压

去除或降低封闭区域内的空气压力。例如，当宇航员穿好太空服，准备退出密封舱并离开宇宙飞船时，密封舱要进行减压。

## 降落伞

由坚固的纺织材料制成的一种装置，打开时形似一把巨大的伞，用于减缓宇航员或火箭的降落速度。

## 救援舱

救援舱用来帮助未穿增压服的宇航员逃生。救援舱由与太空服同样的材料制成，并备有氧气，这样宇航员搭乘救援舱就能安全地逃离到另一艘飞船上。

## 科学卫星

汇编信息并对太阳、其他恒星、地球和太空环境进行精确研究的卫星。这类卫星可以收集由于地球大气层的存在而无法从地球表面获取的数据。

## 空间站

长期围绕地球作轨道飞行的太空基地。空间站内的人员可以在空间站生活和工作数月。

## 控制台

带控制器和显示器的仪表板。航天飞机的驾驶舱配有一个指令控制台。

## 来自地球的问候

将地球及其生命形式的信息以地图、图像和声音的形式记录在光盘和金属板上。太空探测器将这些"来自地球的问候"带出了太阳系，以使让可能存在的外星生命发现这些信息。

## 雷达

发射无线电波并检测同类电波回波的系统。由于无线电波以光速传播，传播时间可以非常短。雷达的用途包括测量距离、行星制图和气象研究。多普勒雷达是雷达的一种，可以通过物体反射的无线电波测定其移动速度。

## "联盟"号宇宙飞船

苏联和俄罗斯制造的载人和无人飞船系列。"联盟"号宇宙飞船于20世纪70年代中期取代了"东方"号宇宙飞船。俄罗斯利用新型的"联盟"号飞船执行向国际空间站提供支援的任务。最初的"联盟"号系列宇宙飞船于1967~1981年研制，共进行了41次发射。1980~1986年先后15次发射的更为先进的"联盟-T"系列飞船取代了"联盟"号系列飞船。最新一代是"联盟-TM"系列，第一艘"联盟-TM"号宇宙飞船于1986年发射升空。

## "旅行者1号"和"旅行者2号"探测器

"旅行者1号"和"旅行者2号"是美国国家航空航天局（NASA）发射的太空探测器，用来研究太阳系外围。"旅行者1号"探测器于1977年发射，1979年飞经木星，1980年飞经土星。"旅行者2号"探测器也于1977年发射，飞经木星和土星，并在1986年到达天王星，1989年到达海王星。目前这两颗探测器即将飞出太阳系，而且已经提供了太阳系边缘的数据。

## 美国国家航空航天局（NASA）

美国国家航空航天局是负责太空探索的美国机构，由艾森豪威尔总统于1958年创立，总部设在华盛顿特区。

## 能量矩阵

也称为太阳矩阵，为航天器的离子发动机提供电能。能量矩阵比太阳能电池板便宜，而且抵抗太空辐射的能力更强。

## 欧洲航天局（ESA）

欧洲航天局成立于1975年5月31日，主体总部设在巴黎。

## 培训

宇航员要接受持续数月的培训。无论他们的教育背景如何，都必须学习数学、气象学、天文学、物理学和太空导航。他们还要定期在飞行模拟器中进行训练，并接受宇宙飞船计算机和其他设备的使用培训。

## 气闸舱

宇宙飞船的舱室之一，配有用于连接密封座舱的内闸门和通向太空的外闸门。宇航员通常在气闸舱内穿好太空服。如果宇航员不使用气闸舱而直接出舱，那么宇宙飞船中的所有空气都会逃逸。

## 燃料

经由燃烧来提供能量的物质。有些类型的火箭采用液体燃料；其他类型的火箭则采用固体或胶状燃料。火箭燃料与氧化剂混合燃烧，产生的气体通过喷嘴喷射出来，从而产生推力。火箭自身装有氧化剂，以便在没有空气的外太空燃烧燃料产生推力。

## 热绝缘体

指导热性差的材料。用来保护火箭壁抵抗燃料燃烧产生的高温，以及保护航天器外壳表层抵抗再入大气层时空气摩擦产生的剧热。

## 人工智能

一般来说，是指机器模拟智能生物的能力。

## 任务控制器

航天机构用来监测和控制航天飞行的装置。

## 生命维持系统

能够提供空气、水和热量以保证宇航员在太空生存的设备。

## 数字信号

用数字表示的信号，如一系列开关值。计算机使用的数字信号通常是由一系列高低电压电平表示的电信号。数字电子设备以一系列离散值来表现不断变化的（模拟）信号。

## "水手"号探测器

美国的系列太空探测器，用来研究太阳系内部的行星（水星、金星和火星）。"水手"号系列探测器均未设计并装备在行星上着陆的设备。与后来的探测器相比，尽管"水手"号任务尚存在一定的局限性，但是"水手"号探测器提供的重要的行星信息为以后"海盗"号等更为复杂的任务奠定了基础。

## 太空飞行任务

太空飞行任务由多个太空探索机构共同组织规划，包括美国国家航空航天局（NASA）、欧洲航天局（FSA）和俄罗斯航天局（RKA）。航天器可以是载人或无人的，其飞行计划提前数年就开始规划。而且国际团队共同合作制造执行特定任务（如探访行星或建设国际空间站）的火箭、卫星和探测器。有些航天器同属于某一系列，如"阿波罗"登月任务。

## 太空服

使穿着者能够在太空生存的服装。它能抵抗过高或过低的压力和有害辐射，同时也提供呼吸用的氧气。

## 太空垃圾

太空中绕地球飞行的无用人造物体，包括大块火箭碎片和小颗粒油漆屑等物质。自从人类开始太空探索以来，太空垃圾一直在不断增多。

## 太空旅行

指休闲太空旅行，首次太空旅行是美国太空探险公司和一家俄罗斯公司于1999年8月联合推出的一个项目。2001年4月美国商人丹尼斯·蒂托支付2 000万美元进行了一次国际空间站旅行，成为第一位太空游客。

## 太空内衣

穿上太空服之前，宇航员要戴好收集尿液的装置（配有一个管子和一个容器）。女性则穿短裤，短裤吸收尿液后将其导入容器。他们还要穿上配有水管的内衣，用来为宇航员降温。

## 太空实验室

太空实验室是一个被设计成可以置入航天飞机有效载荷舱的空间站。该项目始于美国和欧洲航天局成员国在1973年签订的一项协议。1983年11月太空实验室进行了首次太空飞行，1997年11月进行了最后一次飞行，后被国际空间站取代。

## 太空毯

其原料为一种在塑料薄膜上覆盖金属粉末层的复合材料，可用作宇宙飞船的绝缘层或用来反射无线电信号。用这种材料制成的太空毯可以帮助宇航员保存80%的体热。

## 太空探测器

用于收集行星和太阳系其他天体信息的无人航天器。有些探测器的任务仅限于靠近某颗行星飞行，然后在预设距离激活仪器，开始记录数据。当探测器飞离行星时，这些仪器则停止工作。也有许多探测器在太阳系星体的表面着陆，如在月球、金星、火星和土星的卫星——土卫六。

## 太空探索

1957年第一颗人造卫星的发射开辟了太空探索的新纪元。自那时起，许多宇航员和航天器陆续飞离地球去探索太空。目前已有12名宇航员成功登陆月球。配备自动化设备的太空探测器探访了太阳系的诸多星体，包括彗星、小行星、行星及其卫星。

## 太阳能电池板

其上覆盖太阳能电池的组装板。太阳能电池收集太阳光并将其转换为电能，用于操作航天器设备。

## 天线

接收或发送无线电信号的碟形或桅杆形装置。

## 头盔

太空服的头盔是用坚固的塑料制成的。通过头盔上的阀门可以吸进氧气并排出二氧化碳。头盔是密封的，其内部配有麦克风和耳机等通信装置。

## 图像光谱仪

图像光谱仪是一种照相设备，使用两个或多个特定波长的光线（如红外线和紫外线）记录数字图像。然后对这些图像进行评估，以获取材料信息，如通过地球表面图像获取岩石成分信息。

## 推进系统

火箭推进系统通常以化学剂为燃料，通过燃烧形成推力。化学火箭引擎载有燃料和氧化剂，两者占据了火箭的大部分体积。燃料与氧化剂混合燃烧后喷射的气体产生推进力。另外还有离子（带电）推进系统（加速的带电离子从引擎中高速喷射出而产生推力）。

## 望远镜

用来放大远处物体的图像的仪器，包括放大光学图像或其他类型电磁辐射（如无线电波）所生成图像的仪器。天文望远镜用于观测恒星、行星和其他天体。"哈勃"太空望远镜是一个轨道飞行望远镜，其观察不受大气扭曲效应的影响。

## 微电子

微型半导体电子电路为航天器电子系统（从控制和导航到通讯）带来革命性的改进。

## 微重力

生物感受不到重力或对物体无重力作用的环境。这种环境的产生与失重相关。宇航员利用轨道飞行中的微重力环境在太空进行了许多实验。一些实验涉及开发新型材料；另外一些涉及研究植物或其他生物的微重力效应。

## 卫星

围绕一个更大物体作轨道飞行的物体。人造卫星不用来载人，而是绕地球飞行，执行电话信号传输或气象信息传输等任务。

## X射线

1895年11月威廉·伦琴在研究电子束（阴极射线）的产生时，注意到一种从未观测过的神秘辐射类型，他将其称为X射线。尽管来自天体的X射线并不能穿透地球的大气层，但伦琴的发现依然给天文学带来了巨大的影响。

## 亚轨道飞行

到达太空但没有进入地球轨道的飞行形式。亚轨道飞行一般持续约两个小时，速度达到3 580千米/小时，高度约100千米，在太空中停留的时间只持续几分钟。

## 氧化剂

与燃料一起燃烧、促使火箭引擎点火的化学制剂（通常为气体）。

## 应用卫星

用于商业用途以及帮助科学家研究地球所使用的卫星。应用卫星大致可分为通信卫星、环境卫星和导航卫星三类。

## "勇气"号火星车

双胞胎火星车之一，另一辆是"机遇"号。这两辆火星车于2003年从地球发射升空，并于2004年在火星表面着陆。它们是美国国家航空航天局（NASA）"火星探测漫游者"任务的一部分，对火星表面进行了详细的研究。火星车上配备的工具可以收集岩石和土壤样品，并分析其化学成分。两辆火星车分别位于这颗红色行星的两侧，以便全面拍照研究有着很大差别的不同区域。

## 有效载荷

由载人或无人航天器载入太空的物质或科学仪器，不属于发射飞行器自身的组成部分。

## 宇航学

研究航天器的设计、制造和功能以及星际空间导航相关问题的科学。也指航天相关技术。

## 宇航员

送入太空的人员。为了能够在太空执行任务，宇航员要穿上增压服。宇航员的培训计划艰苦而消耗体力。

## 月球车

依靠电池提供动力的车辆，用于在月球表面行驶。

## 载人机动装置

宇航员在过去用来进行太空作业的装置，如在宇宙飞船外捕获卫星和测试新设备。此装置由一个带有小型定向推进器的框架构成。

## 再入

航天飞行中飞行操作的一个阶段，即航天器进入大气层返回地球的阶段。当航天器穿过大气层时，空气分子与航天器外壳之间的摩擦产生剧热，因此，宇宙飞船表面由塑料、金属或陶瓷制成的隔热板来提供防护。有些材料可以通过汽化消散摩擦产生的剧热，保护宇宙飞船和宇航员不受高温损害。

## 增压服

可膨胀的密封服装，用来在高轨道高度或太空中保护宇航员的身体免受低压伤害。太空服就是一种增压服。

## 助推火箭

与主火箭连接在一起的火箭，用于在发射时增加推力。

# 索 引